U0184595

好奇心书系
荒野寻访系列

借得此身无归意

李元胜博物旅行笔记

JIEDE CISHEN WU GUIYI

/ 李元胜 著

重庆大学出版社

图书在版编目（CIP）数据

借得此身无归意：李元胜博物旅行笔记 / 李元胜著.
--重庆：重庆大学出版社，2023.6
（好奇心书系. 荒野寻访系列）
ISBN 978-7-5689-3787-0

I. ①借… II. ①李… III. ①自然科学—青少年读物
IV. ①N49

中国国家版本馆CIP数据核字(2023)第069712号

借得此身无归意

李元胜博物旅行笔记

JIEDE CISHEN WU GUIYI

LIYUANSHENG BOWU LÜXING BIJI

李元胜 著
策划编辑：梁 涛
策 划：鹿角文化工作室
责任编辑：李桂英 版式设计：周 娟 贺 莹
责任校对：关德强 责任印制：赵 晟

*

重庆大学出版社出版发行
出版人：饶帮华
社址：重庆市沙坪坝区大学城西路21号
邮编：401331
电话：(023) 88617190 88617185（中小学）
传真：(023) 88617186 88617166
网址：http://www.cqup.com.cn
邮箱：fxk@cqup.com.cn（营销中心）
全国新华书店经销
天津图文方嘉印刷有限公司印刷

*

开本：720mm×1000mm 1/16 印张：12.25 字数：183千
2023年6月第1版 2023年6月第1次印刷
ISBN 978-7-5689-3787-0 定价：68.00元

目录

contents

contents

金佛山记

北坡记

第一次去金佛山是为了看雪。

那时南川还没有通高速公路，我和一群媒体同行凑了一个团，曲折到达北坡公路尽头时已是黄昏。

咨询老乡后，我们开始爬山，计划连夜到达山顶的宾馆。后来我们才知道，老乡高估了我们的爬山能力，而我们低估了山路的艰难。但我们又

◆ 作者在卧龙潭考察

非常幸运，因为攀登最陡峭的山路时，沉沉夜色已遮住了一切，让我们不至于回首万丈悬崖时心惊胆战。

午夜时分我们进入了一个山洞，终于安全了，大家士气高涨，有说有笑地继续往前，最后到达了山洞出口附近的值班室。距离宾馆还很远，值班师傅好心地收留了我们，把唯一的火炉也让给我们暖身，我们竟然全都坐着睡着了。

第二天，我们疯狂地享受南国少有的林海雪原，这次非常冒险的雪夜爬山终于大获成功。我和北坡的漫长缘分自此开启。

金佛山，古称九递山，上百座山峰中，有着大娄山山脉的最高峰，有着万亩原始阔叶林，动植物种类极为丰富。自从渝湘高速通车后，它由于距离重庆主城区只有一小时车程，成了我和朋友们爱去的野外考察目的地。

我还记得第一次去北坡野观的细节。5月的一天，我们起了个绝早，十点前就进了北坡大门，徒步的第一条线路就是卧龙潭。那是一个幽美的小峡谷，可溯溪而上，两边俱为悬崖，草木森森，格外清凉。

多云天，太阳迟迟不肯露脸，峡谷里不见蝴蝶舞，也不见蜻蜓飞，大家兴致仍然很高，在灌木中寻找小甲虫。

我一个人走在后面，东张西望，完全不能集中精力去灌木中寻找昆虫，因为身边的岩石缝里，开满了我从未见过的野花。这个峡谷，就像一个万花筒，我的头只要转动一个角度，它就会拼凑出完全不同的物种。

◆ 牛耳朵，对生的苞片像一对招风耳

我是过了好些年，才慢慢知道了它们的身份，除了菊科的紫菀和一些堇菜外，全是苦苣苔科的，夸张一点说，5月的卧龙潭，称得上一个苦苣苔科植物花园。其中最有名的，当属牛耳朵，又名“金山

◆ 春天的卧龙潭

◆ 蛛毛苣苔

岩白菜”，民间相传能治肺结核。它奇怪的名字源于其花的苞片，对生，多为卵形，酷似一对招风耳。

苦苣苔科植物的花都有点肉肉的，此处有一种，最能体现这个特点。叶略有点革质，花像咧开的厚嘴唇，在岩石的阴影里憨憨地笑着，这就是蛛毛苣苔。我忍不住伸手去捏了捏它的花瓣，软软的，很舒服。

我最爱的，是厚叶蛛毛苣苔，它紫色的花就精致多了，呈伞形一组一组地从比我们高的石缝里悬挂下来，像在头顶挂满了紫色的星星。我双手高举相机，仍然拍不清楚，直到走了很长一段路，才找到一处够得着的。凑近看，它们更漂亮了，逆光中，花瓣晶莹剔透有如水晶。

我就是这样一个习惯性跑题的人，说好了去拍昆虫，但好几个小时都在看花；说好了去看花，走到半路，随便找块石头坐下就开始写诗。种种

◆ 厚叶蛛毛苣苔

奇怪的跑题，在野外，都不会有人觉得惊讶——旷野太大了，能放下很多奇怪的事情。

当我们走出卧龙潭，回到主路上时，阳光已经倾泻而下，卧龙潭门口有个山庄，山庄门口，隔着公路，有一个收集山泉的水池。

◆ 黑脉蛱蝶

◆ 多型艳眼蝶

那个水池总是有水溢出，造就了一小块潮湿的区域。阳光下，湿气蒸腾，也把泥腥味、洗衣皂的气味带到了空中。从空中经过的蝴蝶对这类气味完全没有抵抗能力，会落下来吸水。第一次到北坡，我就幸运地发现了这个拍蝴蝶的好地方。当时,有四五种蝴蝶在那里起起落落，我的眼睛直勾勾地盯着其中的一只，只见它黑色的翅膀上布满了纵向的白色条纹，后翅的亚外缘还有醒目的红斑，这是什么蝴蝶啊，有点像斑蝶，但是我记忆中斑蝶都没有红斑。正在困惑，同行的昆虫学家张巍巍在我旁边淡定地说："这是黑脉蛱蝶，北方很多，原来重庆也有啊！"这是我第一次看到黑脉蛱蝶，也是后来到金佛山经常见到的蝴蝶，但每一次偶遇，都很惊喜，它真的非常耐看。

我在水池旁，第一次获得了拍多型艳眼蝶的好机会。之前，我在云南的大浪坝和重庆的七跃山都见过这种有着橙红光晕眼斑的蝴蝶，但都在我即将靠近时就敏感地飞走了。可能这只多型艳眼蝶太饥渴——蝴蝶上午补充营养和水分时，特别饥渴——我拍了又拍，不断调整角度和参数，它即使被惊动，也只是飞到附近的岩石上继续吮吸。

伙伴们耐心地等我拍到心满意足，才喊我上车，说饿了，去找个农家乐吃饭。几公里后，我们在茅坡农家乐门前停下了。吸引我们注意力的是，他家门前院子是一个大平台，前面视野开阔，看起来很适合灯诱。

主人是一对夫妇，热情地迎上来，一脸朴实。我们简单地交流了一下，就确定了吃住都在他家。两口子随即就忙了起来，他家有一个女孩一个男孩，也跟着忙起来，女孩挽起袖子就帮忙洗菜，男孩跑前跑后，像个小服务生。其实，女孩看起来不过是个初中生，男孩像小学低年级学生。

我们和茅坡农家乐的十多年交情由此开始。他们后来改名为新明农家乐，因为男主人姓邓，名新明。

“你们喝不喝油茶？”女主人忙中偷闲，还跑过来问了我一句。

“喝！”我其实也只是听说过油茶是金佛山的特色，并没见过。

几分钟后，油茶上来了，大家围上去一看，面面相觑，都不敢端碗。只见一盆油汤，里面浮动着一些黑乎乎的东西，也太没有颜值了。

女主人见我们不动，以为是在互相客气，赶紧过来给我们分到碗里。

◆ 新明农家乐的两位少主人，拍这张照片时，我们已连续三年来过七次了

我好奇的天性上来了，率先端起来喝了一口。是很奇特的味道，有茶味，也有腊肉味，入口又苦又涩，但吞下去后苦涩就化掉了，有点满口生津的感觉。

油茶，这个词在重庆有两个意思：一是重庆城的地方小吃，以米粉为羹，辅以各种调料，再拌入油炸得脆脆的面条；一是我们在金佛山喝到的这种茶汤，把茶叶和腊猪肉事先煎好，要吃的时候，再下锅加水煎成汤。

金佛山的油茶，是把当地茶劲最大，也最苦涩的南川大树茶，和肥肉偏多的腊肉，强行煎在一起，让茶的苦涩和肉的肥腻对冲，形成可口的茶饮。当地先民，称其为干劲汤，每当劳累疲乏而晚饭还很遥远的时候，他们就冲上一碗，大口喝下，立即神清气爽，满血复活。

伙伴们各自端了一碗，皱着眉头喝着，不评论，一个个脸上带着苦笑。

这是我们和油茶的第一次。但这个东西的特点是，你只要喝过几回，就会想念它。到金佛山必喝油茶，后来成为我们长期的习惯。

到北坡的次数越多，越发现我们选择半山的新明农家乐的好处。从住地出发，能够徒步的线路丰富而且植被各异：1. 从门前的大道上行，可

◆ 红大豹天蚕蛾

◆ 宽带凤蝶

走500多米平缓的公路，公路两侧植被非常繁茂，中途有一个小桥且有开阔地，各种昆虫多，这条线路也特别适合带小朋友夜探；2.下行，沿公路旋转而下，再从小路穿过树林回来，线路短而紧凑，我们常常点餐后，用一个多小时走这条线路；3.下行，再下行，然后从右侧支路进去，可徒步数公里，植被一般，偶有人家，是观察蝴蝶的极佳线路；4.邓家后山，上去后向左，最后至一溪流处折返，是繁茂树林的边缘地带；5.邓家后山，上去后向右，进山，可一直走到银杏皇后酒店，林深阴暗，适合烈日当空时或夜探。其中4、5号线路是秘密小道，一般游客根本看不见。

我们连续入住新明农家乐，陆续把5条线路走完，每条线路都有惊喜。1号线路的桥头我首次拍到宽带凤蝶，2号线路我首次看到凤眼蝶——第一眼我以为是个大型蛾类，3号线路除了蝴蝶我还拍到很多野花，4号线路我拍到了金佛山的镇山之宝金佛山兰，5号线路我拍到3种野生猕猴桃。

其实，还有一条小道，是这家的老爷爷割松香慢慢踩出来的。割松香，每次给松树的树干留下一个八字形的伤口。年复一年，八字形连成了一个平面，像一本翻开的书，只是那些凹凸不平的文字，有如天书，神秘又痛楚。

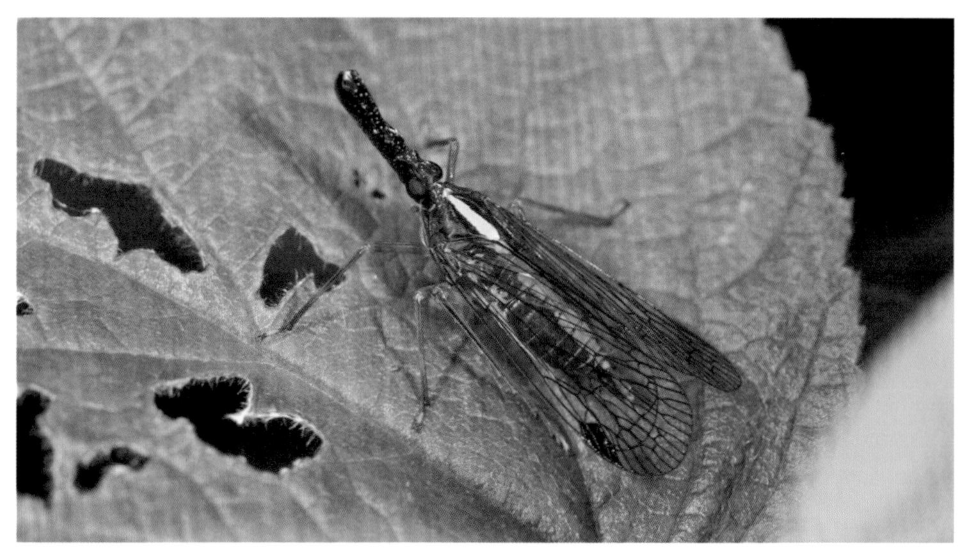

◆ 瘤鼻象蜡蝉

◆ 兰草蝉

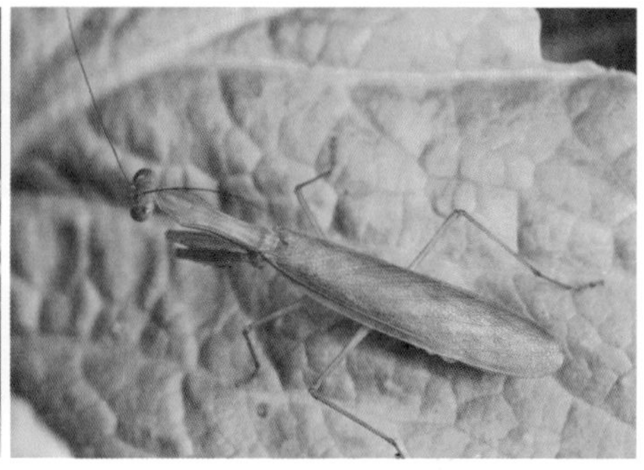

◆ 中华原螳

过了些年，老人家走了，那条路就消失在疯长的灌木下面。每一个离开这个世界的人，都带走了属于他们自己的路。

北坡常见物种有不少是挺有观赏性的，比如瘤鼻象蜡蝉。象蜡蝉是一个非常奇特的家族，它们的头前会生出突出部分，像大象的长鼻子，所以得名象蜡蝉。很多物种都有我们不曾知晓的演化史，它们非同寻常的造型必有某种缘故，只是找不到线索来求证。瘤鼻象蜡蝉头突已接近腹部长度，而头突上又还有着 3 对瘤状突起，端部呈棒锤形，让人目瞪口呆，而且永远猜不出它们为什么要长成这个样子。

我们在北坡的灯诱，主要是在新明农家乐，其次是在卧龙潭门口的山

◆ 橙带突额叶蝉

◆ 越南小丝螳

◆ 偻䖸

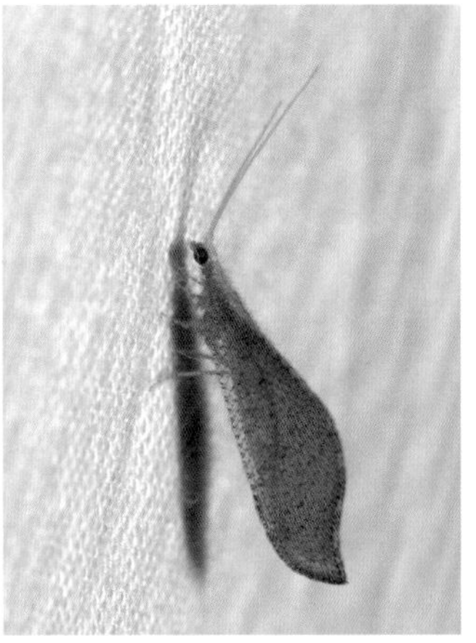

◆ 等鳞蛉

◆ 日本等蜉

◆ 西华斑鱼蛉

庄。按理说，索道下站一带，地势更高，视线更开阔，灯诱效果应该更好。但我们尝试几次后，彻底放弃了，北坡的头顶是金佛山的风吹岭，这名字真不是随便取的，入夜后，那一带必有大风，灯诱用的白布，被吹得像风中的旗帜，好不容易吸引过来的昆虫，被风转眼吹走。灯前守一晚上，只不过是守了一个寂寞。

我们在新明农家乐灯诱时，拍到了脉翅目鳞蛉科的等鳞蛉，长得有一点像褐蛉，但是仔细看区别很大。鳞蛉科的物种，多数昆虫爱好者也相对陌生，在中国暂时只发现 10 个物种，还是一个非常神秘的家族。模样特别有灵气的越南小丝螳，是我们在卧龙潭门口灯诱时首次见到的，它的翅膀仿佛半透明的丝绸，头小小的，引起了我们的一阵惊叹。

◆ 云南旭锦斑蛾

◆ 绿弄蝶

◆ 朴喙蝶

有一段时间，因为对蝴蝶的偏爱，我多次选择走 3 号线路，绿弄蝶、朴喙蝶这些在别的地方不容易接近的蝴蝶，那条路上特别容易接近。

走得多了，我和一位伙伴还在那条路上搞过一次灯诱，但效果很差，来的昆虫寥寥可数，我只记得拍了一只绿尾天蚕蛾、一只长裳帛蚁蛉，其他时候我们都是坐在那里聊天。

2021 年 8 月的一天，我和张巍巍回到北坡，我们正在着手梳理在金佛山积累的昆虫照片，这才发现，很多常见物种也拍得并不完美，我们约好回来补课。

上午，我们在金佛山下的药用植物园记录蝴蝶，中午和朋友们一起吃饭，谈到此行，我忍不住讲了自己的愿望。除了北坡，我在其他地方都没有见过凤眼蝶，但那次并没拍好，特别是角度不好，没能展现出这种蝴蝶的神奇之处。对我个人来说，凤蝶眼就是北坡神物，十来年，再未出现在眼前。

饭后，我们先在山脚停留了两次，但不是卧龙潭。卧龙潭已被一家民宿据为己有，成了只有他们的客人才能进出的后花园——个人认

◆ 蚊蝎蛉

为这是金佛山旅游发展的一个败笔，对公众来说，北坡从此少了一个幽美的溪谷。自然，以前那个特别吸引蝴蝶的水池也随之消失了。

我们把车停在3号线路的进口处，那里勉强能临时停一辆车。然后两人全副武装，慢慢往里面走，差不多和预料的一样，蝴蝶不少，只是季节稍晚，多数凤蝶、蛱蝶都有点残破。我在脑袋里拼命搜索凤眼蝶的形象——它飞起应该像白斑眼蝶，只是略小些，然后和视野里略过的蝶影快速地比对着。

一个多小时后，我们一无所获，连好不容易拍到的几只翠蛱蝶都是残的，只好在一条支路的尽头折返。我走在最前面，仍然保持着高度的警觉，因为经验总是告诉我，好运气是突然一下出现的，而且，能得到它的必须是时刻准备着的人。

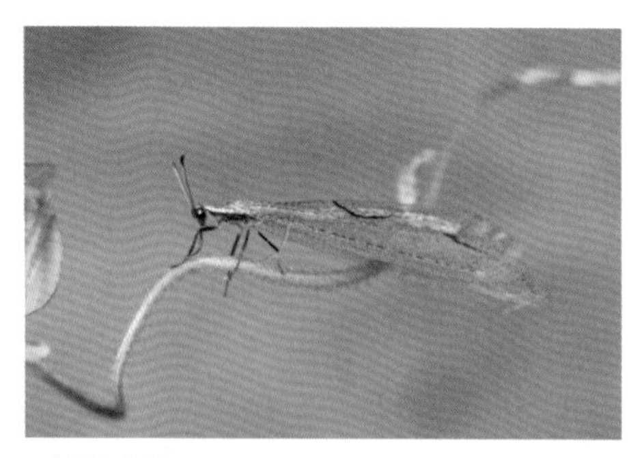

◆ 长裳帛蚁蛉

支路快走完了，一只眼蝶在前方晃晃悠悠，停下又飞起，几次起落后，

◆ 绿尾天蚕蛾

竟然停在我蹲着的附近岩石上。从它的大小和明显的白色横纹，我判断它应该是玉带黛眼蝶或者白带黛眼蝶，都是我拍过无数次的。我只是习惯性地慢慢靠近它，习惯性地轻轻按下快门。就在完成对焦的瞬间，我从液晶屏上看清楚了它，前翅的白色横纹中间有明显的纵向断裂，前后翅各有一个醒目的眼斑——以为是黛眼蝶，结果拍到时才发现是我朝思暮想的凤眼蝶。我赶紧调整角度，又按了一张。此时，凤眼蝶已有所警觉，只是一闪就从镜头里消失了。

◆ 作者 2010 年在金佛山北坡

我不安地回放刚才的照片，还好，拍得很清晰。凤眼蝶的特点也拍到了：此蝶像凤蝶有尾突，像眼蝶有眼斑。真是神奇的物种，它演化到现在，就像是为了成为一道神秘考题，考考天下的蝴蝶爱好者，它究竟属于哪一类蝶？不过，此题非常冷门，至少在重庆是这样，如果你不在每年的

◆ 凤眼蝶

◆ 穆灰蝶

7—8 月去金佛山北坡蹲守，可能根本见不到这道考题。

高高兴兴和伙伴们来到新明农家乐，张巍巍表示要休息一下，毕竟晚上的灯诱，他是主力。

意外再见凤眼蝶，我有点兴奋，加上喝了油茶，精神格外好。看见烈日当空，正好走走后山那条路。先走 4 号线路，才几十米，发现杂草竟然把路封了，悻悻而回，准备改走 5 号线路。刚踏上这条路，就看见一只灰蝶在草丛里停着，远看是一只琉璃灰蝶。我蹲下来，把镜头塞进草丛，按了几张。这个过程惊动了它，它扑腾着飞远了。我都没有回放，就继续往前走了，完全没有意识到自己拍到了什么。

这一天，我是如此幸运，除了凤眼蝶，还意外拍到一只罕见的灰蝶——穆灰蝶。它看起来酷似琉璃灰蝶，但前后翅腹面多为线纹，而琉璃灰蝶多为点斑。

回家后我查了已有的重庆蝶类资料，发现无穆灰蝶的记录。而另一份资料上，穆灰蝶仅分布于云南。

南坡记

“绢蛱蝶！”张巍巍略有点兴奋地指着公路的另一边说。那里有一只硕大的灰色蝴蝶，起起落落好一阵了，我们也一起盯着看了好一阵了。

那是2005年，金佛山南侧余脉隆起的一座山——关门山。我们第一次组队前往金佛山，走的就是南坡，因为只有南门能开车上山。

没想到，就在关门山，我们就走不动了，许多从未见过的昆虫，把我们挽留在路上。

我们从不同的方向迅速向那只蝶靠近。在怦怦的心跳中，我已经把它看清楚了：是一只中型蝴蝶，翅半透明仿佛绢质，灰白的底色上由内向外分布着淡褐色斑。比较神奇的是，它的头部和翅基之间长着醒目的橙色细毛，像是系上了一根鲜艳的小围巾。

过了好多年，我才知道，我们偶遇的这只绢蛱蝶是大卫绢蛱蝶，在国内已知6种绢蛱蝶中，它分布最为广泛，而且色型多变。关键的分类特征是其后翅从内缘往外数的第4、5根翅脉连接点与中室端脉的连接点

◆ 大卫绢蛱蝶

◆ 大卫绢蛱蝶分类识别点

◆ 关门山上大百合特别多，6月上旬盛开

分离明显，由此和其他绢蛱蝶非常容易就能区分开。

这是一个让我有点郁闷的知识。因为在掌握这个知识之前，我以为在重庆、广西和云南至少拍到过3种绢蛱蝶。而由此可知，它们其实是同一种。我从未公开的个人拍摄成就由此倒退了一小步。

那是一次有点鲁莽的旅行，我开的轿车，张巍巍开的吉普，在拍完绢蛱蝶继续前行时，就发现轿车根本无法前行了——我们的南川线人提供的情报太不靠谱。我们只好把轿车存在老乡的院坝里，付了10元钱的停车费，约好三日内来取，然后挤上吉普继续前行。

翻过关门山，下坡时，前方堵住了，其他车辆陷在泥坑里寸步难行，需等待附近老乡解救。我们只好下车，在路边的灌木里寻找有趣的东西。

在一丛宽叶灌木上，似乎有一片树叶突然转了个方向，定睛一看，竟

◆ 华西雨蛙

然是一只绿色的蛙，头很宽，脚趾有吸盘。再左右一看，不得了，这棵不到1米高的灌木上，足足有五六只蛙，都一律趴在树叶上一动不动，眼睛闭着，看似全体在睡觉，几米外数辆车的轰鸣也没有打扰到它们。

这是我们和华西雨蛙的第一次相遇，也是第一次知道，就在重庆，也有些蛙类并不栖身水里，而更喜欢攀爬在树上。

被我惊动的这只，转身跳到了低矮处的枯枝上，留给我一个非常潇洒的侧面，我赶紧按下了快门。

黄昏时，我们终于从南门开上了金佛山。实际上，我们在这里错过了左侧的一条不引人注意的小路。这条路通往滥坝菁，一个风景和物种丰富性都很不错的绝佳自然观察地，是南坡不容错过的秘境。我后来独自去了三次，收获颇丰，曾用一篇文章详细记录。

◆ 华丽花萤引来众人抢拍

我们上山后拍的第一只昆虫是华丽花萤，它的鞘翅有着蓝宝石的光泽，黄色的前胸背板有一个蝶形黑斑，非常漂亮。我才拍两张，就被众人挤了出来。还

◆ 华丽花萤

◆ 卷象

好旁边的草叶上，有一只卷象来回走着，也是值得仔细观察的目标。

这一年的杜鹃开得有点早，才5月5日，高山杜鹃都开过了。大家叹了口气，分头做灯诱准备工作。

晚饭后，灯诱顺利进行，当晚来的东西不多，我记得来了一只黑色甲虫，有人刚想伸手去抓，被张巍巍喝住，说这是葬甲，以动物尸体为食，不能碰。

第二天凌晨，我们都被风雨声惊醒，一场罕见的暴雨袭击了金佛山，山道变成了小河。我们在山上徒步的计划泡汤了，而且还有山道被山洪冲断、无法下山的风险。等到雨略小些，我们决定抓住机会离开山顶，赶紧收拾了东西上车。

山道已完全变了模样，到处是泥滩、落石和树枝，张巍巍非常小心地一边观察一边通过，快到山脚时，仍然出了状况——可能被锋利的乱石划破，一个车胎完全瘪了。

下车看了看车胎情况，雨又开始下了，张巍巍果断决定上车接着开，毕竟，人的安全才是最重要的。等我们到达最近的一个村子里，这个轮胎完全报废了。

在更换备胎的时候，我们找村民打听前面路况，才知道去往关门山的路已被泥石完全中断，连卡车都过不了。村民说，朝另一个方向，还有一条路，可经过大有镇回城。

接下来的旅途十分艰难，好在得到当地政府帮助，总算有惊无险到达大有。第二天，我们绕着金佛山开了一圈，回到关门山取我的轿车。

虽然完全超出计划，但大家寻虫拍虫的兴致未减，在关门山顶，我和张巍巍在路边拍到一只白带褐蚬蝶，又在一条小路上发现了地胆芫菁——此虫甚是古怪，全身黑蓝色，翅鞘短得像装饰，估计是飞不起来的，触角中段有奇特的膨大。它在草丛中快速穿梭，由于身有剧毒，我们不敢出手

◆ 张巍巍的车胎被乱石挤爆

◆ 白带褐蚬蝶

◆ 地胆芫菁

◆ 产卵的叶甲

◆ 蓝宝烂斑蛾

◆ 亮盾蝽

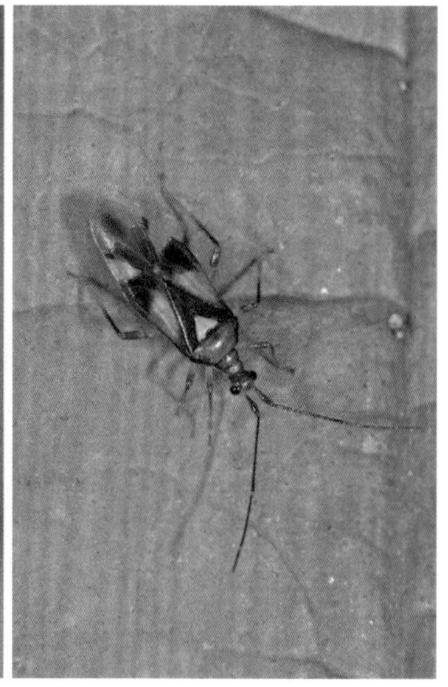

◆ 樟颈曼盲蝽

改变它的方向，只能趴在地上用镜头快速追踪，我连拍了几十张，总算有一两张清楚。

回程，我们又发现了不少值得观察和记录的瞬间，比如，一只叶甲正在薯蓣藤上产卵，卵圆柱形，金灿灿的一大堆，很难想象它的身体里竟能放下如此多的卵。

我们总结了一下，南坡上山那一段农地居多，其实远不如关门山。所以四年后，我们重走南坡一线时，专门安排了一天时间在关门山徒步。

我们在前一天晚上就到达了关门山山脚，在一个农家乐做了灯诱。这个阶段，记录了几十种昆虫，其中有蓝宝烂斑蛾和樟颈曼盲蝽。

2009 年 9 月 6 日 10 点左右，我们到达山顶，朝阳已经完全统治了整个关门山，到处是蝴蝶纷飞。一路上尝试着走了几条小路，都不太满意，我们最终把宝押到山顶这条采笋人使用的山道上。

这是一个美好的决定，因为接下来我们就进入了各种明星级的昆虫接连不断现身的高光时刻。

最先引起我们一阵惊呼的是一只亮盾蝽，它实在是太漂亮了，金绿色的身体上，布满靛蓝色的斑纹和刻点。随着观察角度的变化，还能像彩虹

◆ 黑弄蝶

◆ 星豹盛蛱蝶

◆ 圆翅钩粉蝶

一样反射着变幻不定的颜色。

但是，在强烈的阳光下，拍摄它是困难的。在经历了不断的失败后，我放弃了它，选择了另一只停在落叶上的，总算拍到了亮盾蝽的复杂颜色。

拍完亮盾蝽后，我们就被不同的主角吸引住了。我花了很长时间追踪一只没见过的弄蝶，直到气喘吁吁仍不能靠近，都快放弃的时候，它停了下来，给了我一个记录的机会。从照片上可以看到，它羽化不久，翅膀新鲜完整，翅面黑色，前翅顶角处有3个白色斑纹。回家后就查明其身份，原来是黑弄蝶。

接着，我们沿着一条机耕道前行，前方丛林茂密，有一条小溪在机耕道不远处流淌，水声潺潺。

溪水和道路擦身而过的路段，路面潮湿，水汽蒸腾，烈日下成了特别吸引蝴蝶的地方。不过，当时我们拍摄蝴蝶经验有限，脚步太过笨重，惊飞了正在吸水的它们。有些胆大的，过一会儿又回到原处，继续吸水。

我对蝴蝶的兴趣超过其他人，耐心地等在那里，拍了四五种蝴蝶。星豹盛蛱蝶，是我那次初见的，比最常见的散纹盛蛱蝶略小，翅的反面有很多半圆形或马蹄形的色斑，而前者几乎没有色斑。

拍完蝴蝶后，刚进树林，队友们激动的声音从远处传来（后来我才知道，此时他们发现了一只绒毛金龟，很惊艳）。我正要快步追赶他们，却发现灌木中有一个灰褐色的东西闪了一下。慢慢靠近一看，原来是一只黛眼蝶，只见它的前翅有 2 条深色线，后翅有 5~6 个眼斑，其中 2 个较大，像一对炯炯有神的眼睛。这就是后来我在全国各地常见到的连纹黛眼蝶。

树林里有趣的东西也不少，黛眼蝶特别多，但很难接近，我没有得到更好的机会。

◆ 连纹黛眼蝶

◆ 獐牙菜

我们饿得不行了,才转身往外走,回程我拍到一对叶蜂在交配,还记录了一些9月仍在开放的野花。我特别喜欢其中的獐牙菜,它白色的花瓣上,各有一对绿色大斑,还有排列得非常讲究的深色斑点。

南坡相对说来,我去得较少,总共11次。2021年8月以来,我数次在金佛山追踪蝴蝶,想起关门山那条梦幻级的机耕道,忍不住想去重温一次。9月下旬,我终于第11次向着南坡出发了。

到达关门山前,我先去附近一个峡谷转了转,运气很不错,在悬崖小路上拍到了孔子翠蛱蝶。这种硕大的蛱蝶翅膀闪耀着黄铜色的光芒,和黄带翠蛱蝶有点像,可以依靠后翅的黄斑弯曲方向来区分,在它展翅起飞

◆ 叶蜂交尾

的时候，我看清了后翅黄斑明显向外凸起，由此确认。

到达山顶这条机耕道时，是上午10点过，天气多云，大地尚无阳光，我背着双肩包慢慢朝里走。

路边不时有停着的摩托车，这是采方竹笋的老乡留在这里的，他们只身前往密林深处，要夕阳西下才回，我曾经目睹他们作业，是人们难以想象的艰苦，一天下来，身上脸上都免不了有擦伤。

已经是秋天，路边的野花仍然连成了片，最多的是野棉花，然后是川续断和千里光。

野果更多。头顶上有四照花的果实，人称野荔枝，果实绿中带红，我一时淘气，捡起石头往上扔，打下来不少，果汁十分鲜美。荚蒾是灌木，果实红红的，椭圆形，我伸手也采来放嘴里，酸甜酸甜的，好吃。悬钩子最多，果实有红的也有紫的，也顺便试了试，不如前两种野果好吃。天阴，蝴蝶少，当然就是享受口福的时候。也只有在这样的山野里，才能尝到秋天最美好的味道。

◆ 孔子翠蛱蝶

◆ 华西黛眼蝶

◆ 玉带黛眼蝶

◆ 曲纹黛眼蝶

这条道我走到了其中一条支路的尽头，才转身往回走，这时，太阳从云层里露出来了，阳光洒在我的四周，树林里明亮多了。蝴蝶会出来了吧，我想。

果然，返程的时候，蝴蝶活跃了起来，每走几步，就会惊动一只黛眼蝶。

黛眼蝶属是一个庞大的家族，种类繁多，慢慢去区分和识别很有意思。当然，我是囤积了很多的黛眼蝶生态照片后才开始深入学习的。和十多年前比，我对蝴蝶的习性有了更多的了解，现在拍起来成功率也高多了。

◆ 虎斑蝶

不到半小时,我就拍到了玉带黛眼蝶、华西黛眼蝶和曲纹黛眼蝶。曲纹黛眼蝶色型多变,唯一不变的是它的后翅眼斑里有很多小斑点,像一个个装满了种子的小口袋。

走到林缘,溪水浸到道路上那一带,蝴蝶已很多了。同样是在9月,虎斑蝶已经残破,而曲纹蜘蛱蝶却一身新衣。它们在这个时刻相逢,前者早已完成生命中最重要的任务——繁殖,只是在安享晚年,后者却刚刚出发,要做好准备,去迎接漫长无边的冬天,它能像有些蛱蝶那样活到春天吗?这我还真不知道。

◆ 曲纹蜘蛱蝶

西坡记

在西坡成为金佛山游客的主要入口前，我们就在这一带多次徒步，落脚点选在大门旁的一线天度假村，度假村里有一个景色别致的小峡谷（我们在那个小峡谷拍到很多罕见的昆虫，比如克氏头蜓，曾被称为香港四大珍稀蜻蜓），这是金佛山一个隐秘的关卡，知道的人很少。

◆ 克氏头蜓

对我来说，一线天是一个有特别意义的地方。

首先，一线天是我迷上灯诱的地方。在此之前，我也参加过很多次灯诱，但是独自连续灯诱，是在一线天完成的。

我还记得那个6月的夜晚，饭后，我独自坐在一线天度假村院内，没有别的游客，没有别的光亮，就我挂着的一盏灯对应着夜空。万籁俱静，唯有虫鸣。从晚上8点开始，我就坐不住了，各路昆虫在空中扑闪着翅膀，到灯前来报到，其中很多陌生访客。

我一直忙碌到晚上 11 点 30 分，记录了数十种昆虫，计划工作到晚上 12 点就先休息一会儿。就在我一边打着呵欠一边清点着相机里的收获的时候，一只小巧的知了轻轻地飘过我的头顶，落在布上。

我凑近一看，是没见过的蝉科物种，像蚱蝉，却整体纤长，其他结构区别也很大。我在脑袋里拼命搜索，却找不到任何有关的信息。莫非是个新种？我心中一动。多年后，我这个猜想得到了证实，它是碧蝉属尚未发表的新种。

记录完这个后，我就休息了，然后把闹钟调到了凌晨 3 点。

3 点，我一个人慢悠悠地来到院内，那只像蚱蝉的知了不见了，就在它之前停留的位置，出现了另一种同样纤长的知了。只见它复眼褐色，单

◆ 碧蝉

◆ 碧蝉

◆ 碧蝉属新种，暂无中文正式名

◆ 华丛蝇

眼红色，前翅透明略有茶色，翅脉湖蓝色，像一个精巧的工艺品，每一个细节都经得起挑剔。

这是蝉科碧蝉属的碧蝉。这个属种类很少，见过的人也很少。没想到金佛山还有这个精彩物种，我在灯前快乐地跳了几下，毕竟是半夜，不敢大声笑起来。

后来，又在一线天灯诱了数次，华丛蝇、青球箩纹蛾、白斑巴蚁蛉这些极有观赏性的昆虫，就是在这里得到机会拍摄下来的。

最让我们兴奋的是，一年之后，同样是 6 月，我们的灯下，来了一个非同寻常的访客——拉叉深山锹甲。

拉叉深山锹甲深受甲虫爱好者追捧，也是亚洲的代表性大型锹甲。这

◆ 青球箩纹蛾

一只正好是雄性，它有着超长的大颚，耳突立起酷似大象的耳朵，全身长满细毛。这是我们在重庆境内发现的最有观赏价值的锹甲。

一线天，还是让我克服了恐蛇的地方。小峡谷幽暗，树林繁茂，是蛇的理想栖息地。我们在峡谷里夜探，经常碰到蛇。就是在一次次的遭遇中，我逐渐适应了这突然出现的诡异生物，而且从它们身上还看到一种独特的美和力量，或许，正是这种“看到”改变了我，后来深夜专门提着相机去寻找蛇成了我的一大乐趣。

从 2015 年起，碧潭幽谷成为我的重点观察线路。这个峡谷收集了一定范围内西坡绝壁以下的水源，从索道下站可以步行穿峡而下，落差大，植被好，一路都有溪流水气滋润，是绝佳的徒步线路。

3 月，碧潭幽谷就可以观赏野花

◆ 白斑巴蚁蛉

◆ 拉叉深山锹甲

碧潭幽谷

了。早春，从下方入口进去，只需半程即回，因为海拔高的地方尚没有野花的动静。4 月，就可以走全程了，入口处的美丽通泉草，是第一个目标物种，一路上去，能观察到数十种野花，让人如痴如醉。

◆ 美丽通泉草

我拍昆虫，更喜欢从上往下走，因为一般去的时候是上午，阳光是自上而下的，和阳光一起往下走，观察昆虫更为有利。

在碧潭幽谷区域，我有很多值得一提的记录，比如观察到蠊泥蜂攻击蟑螂，过程极为惊心动魄。

蠊泥蜂兼有巫师和刺客的技能，同时作为蟑螂的天敌，对后者的身体结构的熟悉和了解已成为本能。当它

◆ 蠊泥蜂与蜚蠊（俗称蟑螂）

◆ 蠊泥蜂与蜚蠊

在野外遭遇蟑螂，会用颚先咬住蟑螂的头，弯曲腹部，精确地先一针刺入蟑螂的胸部，通过麻醉其运动神经令其进入瘫痪状态。此时，它才会发起第二次攻击，再次弯曲腹部，这一次会精确地刺入蟑螂大脑，令其神经中枢陷入混乱。第二次攻击后，蟑螂会陷入一种盲目的快乐状态，对外界失去警惕和反应能力，事实上，它已变成了一头快乐而顺从的牛，蠊泥蜂就像牧童一样，慢悠悠地牵着它回家。到家后，蠊泥蜂在它身上产卵后，封住巢穴，就离开了。一直活着的蟑螂，就这样沦为蠊泥蜂幼虫的新鲜食物。

物种的相生相克，真是一个复杂而又残酷的机制，在这个机制中，个体的生命总是极其脆弱无助的，逆天改命的概率实在太低了。

◆ 岩石上成片的牛耳朵

◆ 闪色螅(雌)

◆ 闪色螅(雄)

由于有溪水伴随，也非常适合观察蜻蜓。我在这个区域拍到十多种蜻蜓，由于拍摄机会多，成功率比其他地方高多了。

5 月起，碧潭幽谷就进入了观赏蝴蝶的大好时光。落差 1000 多米的金佛山西坡，有很多人类难以进入的区域，成为很多动植物的避难所，也庇护了很多美丽的蝴蝶，而碧潭幽谷正是金佛山众多的蝶道之一。

据我多年观察和评估，碧潭幽谷能观察到的蝴蝶在 80 种以上，更

◆ 褐腹绿综螅(雄)

◆ 褐腹绿综螅(雄)特写

◆ 莎菲彩灰蝶

◆ 小锷弄蝶

为难得的是，在重庆其他地方很难看到的蝶类，也会在此出现。

我有过多次专门去碧潭幽谷拍摄蝴蝶的经历，挑最近的一次来说吧。

2021 年 8 月 16 日，我们早晨 9 点到达西门。碧潭幽谷景区因为治理自然灾害已关闭，我们经自然保护区管理局和景区方面特批，由工作人员带领进入。

同行的有昆虫学家张巍巍、刘星月等，工作人员是个小伙子，带着我们从停车处向入口走去。半路上，看到什么的我突然身体一顿，悄悄脱队。人行道上，有几只蝴蝶正在那里享受晨光，拼命吮吸。我认出是两只蛱蝶，一只蓝凤蝶。正是其中一只中型蛱蝶让我异常激动，它的翅正面灰黑色但泛着蓝宝石般的光泽，外缘有红斑连成弧线，中区有白带，是我在重庆从

◆ 锦瑟蛱蝶

未见过的蝴蝶。它隐约有点像我在甘肃迭部县山区拍到过的那种蛱蝶，一时想不起名字。

我让自己冷静了一下，因为太激动相机就无法持稳，然后极缓慢地蹲下身子，把相机慢慢递了过去。

这是一只锦瑟蛱蝶，在重庆野观20年，我还是第一次遇见。拍好后，我又招手把张巍巍叫了回来，他当时正站在入口处疑惑地等着我，不知道我为什么突然不走了。

等张巍巍趴在地上拍锦瑟蛱蝶的时候，我又开始追踪另一只蛱蝶，我已认出是弥环蛱蝶，远看略有点像盛蛱蝶。

要想拍蝴蝶，早上的第一缕阳光

◆ 锦瑟蛱蝶

特别重要，尤其是在幽暗的山谷里，被阳光最先照到的地方总能吸引各种蝴蝶前来“充电”。

我们和工作人员一起沿溪上行，小伙子很热情。刘星月博士是研究脉翅目的，要用扫网扫。而我寻蝴蝶，要保持安静。所以，一边走一边很自然地各自分开了。

小伙子一直跟着我，说认出我来了，知道我长期在金佛山开展野外工作，还在电视节目里给金佛山代过言。

我说，是啊，我在金佛山自然保护区管理局挂过职，代言是必须的。

我们一边观察一边往前走。突然，他在我身后大叫了一声。我回头一看，只见他满脸通红，用手往下指着说有一条竹叶青刚才从他脚边窜过去了。

碧潭幽谷的这个开阔区域，的确蛇多，有一次我带几个家庭夜探，就在这里拍到一条原矛头蝮蛇。

我转身，顺着他手指的方向追去，草丛中哪里还有蛇的踪影。

峡谷里略阴，路上没什么发现，一直走到猴区，阳光才晒到身上。我判断那些猴子活动过的岩石上，应该很吸引蝴蝶，所以就在那里一边喝

◆ 珠履带蛱蝶

茶一边等，果然等来了好几只珠履带蛱蝶。这是一种特征非常明显的带蛱蝶，前后翅的正反面外缘都是圈形斑点形成的白带，宛如一串珠子。

之后，又来了一些常见蝴蝶。时间过得很快，转眼进来两个小时了。这个时间应该返回了，我有点不甘心，又扫描了一下这个区域，才悻悻离开。

回程路上，看见一只类似于尺蛾的东西在飞飞停停，无意中扫了一眼，发现触角末端膨大，这是蝴蝶啊。赶紧跟着它，约 20 米后，它在一片枯叶旁找到了想吃的东西，稳稳地停住了。我这才看出是一只猫蛱蝶，后翅有明显的白色区域，是白裳猫蛱蝶。这又是那类传说重庆有可我们一直见不到的物种。现在，终于见到了。

白裳猫蛱蝶是非常敏感的蝴蝶，后来我在贵州十二背后、重庆武隆又见到两次，都未能靠近。幸亏这只给了我机会。

中午匆匆吃完饭，我和张巍巍又赶回碧潭幽谷，继续追踪蝴蝶，上午的收获给了我极大的鼓舞。

重走上午的路，遇到一种奇怪的蝴蝶，有好几只，反面黑色，偶尔露出的正面却带有明亮的蓝色斑，喜欢在人前人后飞，就是不停。我耐心地

◆ 白裳猫蛱蝶

◆ 蓝斑丽眼蝶

◆ 小环蛱蝶

◆ 宽带青凤蝶

跟着其中一只，来回跟了七八分钟，它终于在灌木下的阴暗处停住了，但只停了不到 10 秒。这已经够了，我准备已久的相机迅速锁定了它。

这是丽眼蝶属的蓝斑丽眼蝶，我曾经拍到过它模糊的身影，这一次，才真正拍清楚，可惜没有机会拍到它更好看的正面。

我折返到一处开阔地，地上有水洼，我想它应该能吸引过路的蝴蝶停留。张巍巍也有同感，我们就在水洼边坐下了，守株待兔。

为了增加水洼的吸引力，我又洒了些水增大它的面积，还掏了些泥土扔在水里。

◆ 大紫蛱蝶

很快，蝴蝶就来了，最先来的是二尾蛱蝶和稻弄蝶，我们按兵不动，接着来了颜值很高的宽带青凤蝶。然后，另一个水洼来了一只雌性大紫蛱蝶，也是明星级的物种。

我们以逸待劳，来了蝴蝶就拍，没来就喝茶聊天，相当悠闲。

下午 5 点左右，已走出碧潭幽谷的我，看还有些时间，又独自回到峡谷里，看能不能扩大战果。

在一块岩石上，我发现一只正在吸水的峨眉酣弄蝶，有趣的是，它也同时弯曲着腹部在喷水。我赶紧拍下这精彩的瞬间。

◆ 峨眉酣弄蝶

蝴蝶都会吸水，也会喷水。吸水是为了补充矿物质，为了更多地补充，就会把过滤掉矿物质的水喷出来。我们最容易观察到的是凤蝶喷水，一根水柱从尾部飘出，仿佛多了一根透明的尾巴。和凤蝶不同的是，弄蝶的喷水非常奇特，它们会努力弯曲尾部，把水喷回它们吸水的位置。在缺乏水源的环境里，善于节约用水的弄蝶依赖这一特技增加了生存的机会。当然，这样循环用水的方式，是人类绝对不敢模仿的。

这个时间点，全天都没出现的翠蛱蝶和枯叶蝶都出现了，仿佛这是属于它们的时段，主人般地在显眼处飞来飞去。

我正在琢磨跟拍哪一只的时候，一只硕大的臭蛙从草丛中突然窜出来，跳到了道路中央，再一个高跳，又跳进了另一侧的草丛。

不好！有足够经验的我赶紧后退两步。

在野外，如果有蛙类或蜥蜴突然从草丛中跳到道路中，这种主动离开隐蔽场所把自己暴露到开阔地带的反常行为，最大的可能性是有致命的猎手蛇类在追踪它们。

在不清楚蛇是否有毒的情况下，正确的行动就是避免和它发生冲突，退出风险区域。

我才退到一半，一条乌梢蛇就从草丛里飞出，目测跃起的高度在 1.5 米以上，蛇的长度超过 2 米，它的姿态凶悍而又潇洒，但它并没有连续追击，估计我的出现干扰了它，它昂首观察了我几秒钟，就低头钻进草丛消失了。

◆ 乌梢蛇

桌山记

大娄山脉犹如界山，将云贵高原和四川盆地分隔开来，其最高峰就是金佛山顶的风吹岭，海拔高达2238.2米。

但是，如果你在平缓的金佛山顶漫步，却很难发现哪一座山峰是主峰或最高峰。整个山顶像一个巨大的桌面浮现在云海之上，数十公里的绝壁环形拱立，桌山之名由此而来。

这矗立在海拔2000米以上的方桌，犹如诺亚方舟，把部分亚热带、温带两个气候区的物种与外界隔离，成为一个独特的物种基因库。

1891年，奥地利人纳色恩来到金佛山采集标本。1928年，中国植物学家方文培在金佛山发现一批杜鹃新种，吸引了一批植物学家前来。金佛山的百年物种大发现由此开始，仅小范围分布的特有植物就发现了200多种。

◆ 金佛山是典型的桌山

我无数次在金佛山顶徒步，和别的地方不一样的是，我会在搜寻动植物的工作中时不时抬起头来，为桌山上的万千气象而沉醉。这好像是在强烈地提醒我，大地上没有孤立的生命，所有存续至今的物种，都是整个生态系统的一部分，它们像一个个独特的部件，互相克制，互相依存，共同构成了一个更大的生命共存体。

最近的桌山徒步，有两次和杜鹃有关，金佛山高山杜鹃的盛放期是 4 月下旬至 5 月初。虽然理论上有两周时间，但要踩到时间点并不容易，因为受气候等多种因素影响，高山杜鹃的最佳赏花期每年不同。

2017 年 4 月下旬，我的好友史岚女士来渝，她是著名作家史铁生的胞妹，新闻说春暖高山杜鹃开放提前，感觉机会难得，就约了几位朋友和她一起上金佛山。

但新闻错了，也可能是故意错的。我们排了很长的队，才从西坡经索道上山，步入野生古杜鹃公园后，发现高大的杜鹃森林只有零星花朵开放，多数还是花骨朵。

不过，其他的野花已经很多。像花毯子一样铺满林下的，是山酢浆草。这个种在很多地方花是白色的，但在金佛山上却是白色花瓣红色脉络，远

◆ 山酢浆草

◆ 西坡索道

◆ 紫花堇菜

◆ 崖樱桃

看粉红的一团。这一带是它们生长的乐园，它们长在泥土里，也长在石头甚至树干上。粉红一团的不全是山酢浆草，颜色略鲜艳一点、花朵又小又密的是紫花堇菜。

头顶上也有野花开着，它们是崖樱桃的花，那么瘦小，似乎不敢把花朵张得太开，毕竟夜间山风凛冽。我吃过它们的果实，仅有的甜味是被厚重的酸和涩裹着的。

走出古杜鹃林后，我们来到了悬崖边，前面有栈道可行。下面的云团被风吹着顺着绝壁往上走，栈道时隐时现。就在此时，我发现悬崖边一矮小的灌木上，似乎开着几朵黄花。俯身仔细观察，只见它椭圆形的叶子聚生于顶，花冠漏斗状。这是杜鹃！我努力把双手伸出栏杆，拍到了花朵。

◆ 树枫杜鹃

这是我第一次在野外看到树枫杜鹃，此种初开为黄色，凋谢前转为草绿色，所以又叫绿杜鹃，是金佛山独有物种。我想起了南川朋友讲述的故事，当年跟随植物学家们的南川人张树枫因采集标本坠亡，为纪念他才取名为树枫杜鹃。

现在有栈道可走，我们仍不免心惊。可以想象，无路可寻，无绳可依，当年只身在这样的悬崖上采集标本是多么危险的事！

后来，我专门为树枫杜鹃的故事写了一首诗，抄在这里：

悬崖上的黄杜鹃

它选择悬崖，选择
贫瘠的岩石间，而不是山下的沃土

像一个人，突然起身
离开喧闹的餐桌
不是攀登，而是从市声中撤退

一切不妥协者
最终，都发现自己身处绝境
身处风暴的前沿

又怎么样呢？
它宁愿顺从自己陡峭的内心
不过就是，把生活
过成风暴的一部分

“并非不爱舒适的生活
但对我而言，放弃自我更像是深渊”
“看清世道是危险的
但我还得选择睁开双眼”

众生茫茫，总有不妥协者
替我们登上万山之巅

在我读过的书中，一次又一次
在那些时代的悬崖上
总能看到，它们的身影

20180328

我们继续在绝壁的栈道上往前走，习惯了这样的环境后，心里逐渐踏实，只觉得视野辽阔，景色宜人。而绝壁也有植物偏爱，它们在石缝里扎根，与云雾相伴，过得宛如仙人。

我在绝壁上拍到了卵叶报春，它的茎短粗，叶肥厚，花却薄如丝绸，惹人爱怜。它长在比人还高的地方，经过的人，但有看见的，都要踮起脚举起手机拍了才肯走。其实，卵叶报春除了绝壁，也可以在其他环境中生长，而且，有腐殖土的地方长得特别好。

但就在距它不远处的一种白花，大头叶无尾果，就只在岩石上生长。它的花远看有点像野草莓，近看要更精致好看些。

◆ 卵叶报春

◆ 大头叶无尾果

地上有落花，像黄色的海星，朋友问我是什么。我捡起来闻了一下，略香，觉得花很面熟。我们继续往前走，转了一个弯，我就在一棵树上看见了同样的花，还是长在树枝上的好认，毕竟还有叶子可以参考。这是野八角，一种很奇葩的乔木，除了元旦至春节它短暂消停一下，其他时间就不休息了，全年开花。

这次徒步，主客皆欢，不过没看到杜鹃盛开，总算有点遗憾。离开前，我向一位当地人打听杜鹃还有几日会开，他很有把握地说两周之后。

两周之后，我推开了别的事，约好朋友，仍从西坡的索道登上山顶。索道缓缓上升，半程后，我左右一看，不禁哑然一笑。其实不用到古杜鹃公园，就知道杜鹃开了。桌山边缘的山峰，有的红有的白，全部被杜鹃染成了彩色。

尽管已有思想准备，走到古杜鹃公园里，我还是被震撼了——不管我从哪个位置仰面看天，天上都停泊着一大堆一大堆的花朵，仿佛彩云，仿佛锦绣，而举着它们的树干和分枝，也改变了性质，像走进花海的大小道路。

我们足足看了一个小时的花海，才心满意足地继续往栈道走，其实我很好奇，上次的绝壁野花们，是否还安好。

都消失了，卵叶报春、大头叶无尾果等都消失了，它们把绝壁让给了

◆ 金佛山栈道

◆ 野八角

◆ 古杜鹃公园的最美时刻

韩信草、东方堇菜等新的野花。

我在灌木下的阴影里，发现了一只叉草蛉，才明白，桌山不只是属于春花们，昆虫也登上了这巨大的舞台。

在我小心拍摄叉草蛉的时候，感觉到有什么东西在不远处扑腾。继续往前走，突然，从树丛中飞出来一只肥肥的鸟，直接停在离我们只有一米的枝条上。是一只中型鸟，身体灰褐色，但飞羽的基部和尾羽两侧橙黄色。

它为什么这么不怕人，是不是错乱了？惊讶了好一阵，我才非常小心地掏出手机，慢慢举起拍摄。

其实我不用这么小心的，它不仅没被我的动作惊动，反而向前一跳，似乎要落在我举手机的手上，在空中扑腾了一下，它转身停到不远处的栏杆上。

◆ 韩信草

◆ 东方堇菜

◆ 叉草蛉

◆ 橙翅噪鹛

◆ 橙翅噪鹛，见我一直不投食，表情有点像愤怒的小鸟

看到它这个动作，我才反应过来，原来这是一只讨食的鸟，我掏手机的动作，让它误认为是要投食了。在这荒野中的旅游步道上，居然有这么亲人的鸟。

可惜，我们都没有带食物。看着我们只拍照不投食，它飞到了略高的一根枝条上，表情变得有点像愤怒的小鸟。

◆ 拦路讨食的松鼠

接着，在它的身后，我又看见了一只与它同样肥肥的同伴，略有点警惕地观望着，好像在评估是否值得飞到这几个游客身边来。

我终于认出来了，它们是橙翅噪鹛，是中国特有鸟类。如果不是肥得变了形，我早就认出来了。

我们继续往前走，一边议论着这个意外的小事件。我脑袋里的小人，好像也分成了两派，一派赞叹现在的

◆ 拟稻眉眼蝶

◆ 柳紫闪蛱蝶

游客素质高了，不伤害鸟类，才能长期互动出这样的亲切关系；另一派批评投食野鸟是不负责任的，过度依赖投喂，会让它们失去在自然中生存的能力。

走着走着，有什么拉住了我的裤脚，我以为是挂着了树枝，回头一看，只见一只松鼠飞速离开了我的身后，它跑到岩石上只停留了几秒钟，又瞬间窜到我们前方的路边。

经历了刚才的事件，我们迅速明白了它的意图，这是一只拦路讨食的松鼠，它可比鸟儿聪明多了。

我们走完栈道后，阳光变得更加强烈，已经能够看到蝴蝶了，我独自在那一带逗留了十多分钟，拍到一只柳紫闪蛱蝶，一只拟稻眉眼蝶。

◆ 深山黛眼蝶

◆ 端晕日宁蝉

◆ 薄叶脉线蛉

正是这轻易得手的拍蝶，让我在后来的夏天多次重走这条线路。每一次都有些不同的收获。

一次，在靠近栈道的小山头上，拍到一只非常新鲜的深山黛眼蝶，原来它喜欢待在海拔1000米以上，怪不得之前一直见不到。

另一次，我拍到了黄瓢蜡蝉。瓢蜡蝉是我比较偏爱的昆虫。它看起来

◆ 黄瓢蜡蝉

◆ 黄瓢蜡蝉

◆ 树甲

特别像瓢虫，和瓢虫很不一样的是，它们可以直接把自己从藏身之处弹射出去。英国有个动物学家，叫马尔科姆·巴罗斯，一直想找到动物界的跳远高手。后来他把目标锁定到某种瓢蜡蝉的若虫身上，经测试，这种若虫能跳30~40厘米，大约是它体长的100倍。这个动物学家还很认真地研究了为什么它能跳这么远——原来，瓢蜡蝉若虫的一对后足有着非常强劲的刺，这些刺能像富有弹性的齿轮一样完美地咬合在一起，从而产生强大的推动力。

◆ 闽溪蚁蛉

刚拍完，它就给我表演了家族的长项：从叶子上纵身而起，瞬间消失得无影无踪。

◆ 囊花萤

借得此身无归意

只有在幽深峡谷里，阳光看上去才像明亮的指针。

我走进重庆金佛山神龙峡的大门时，已接近下午4点，阳光的指针最后停留在我头顶的树梢上。它把峡谷分成了两个世界：一个世界身披镀金，继续耀眼；另一个世界则沉郁、模糊，有一种被遗弃的味道。如果把阳光下部边缘看成海平面，也可以说整个峡谷正在逐渐下沉的过程中，向着深不可测的海底。

我曾站在南山之巅，观察阳光从重庆半岛之城的抽离过程——犹如万千金线从逐渐阴暗的两江中抽出，很壮观，那个时间是晚上7点。对于

◆ 神龙峡

神龙峡

所有山谷来说，阳光就更奢侈，7点的山谷已经没入无边的昏暗。

工作人员说安排电瓶车直接送我到登山环线，就可以节省路上的几公里，那意味着，我还来得及追上阳光，在耀眼光辉中走完环线。曾经，我是绝对会这样选择的，追上阳光，才有拍到好照片的可能，才有拍到蝴蝶的可能。蝴蝶是阳光的信徒，因为它们需要足够的热量才能扇动翅膀，当阳光从身边抽离，它们就会找个安全地方，竖起翅膀，等待下一个黎明。

我没有犹豫，直接谢绝了。我从来没有在4月来过神龙峡，而植物有自己的生物钟，会选择不同的月份开花、结果，全程8公里徒步，才更有可能填补上观察时间上的空白。不是我偏爱正被阳光遗弃的区域，而是经过各种因缘际会，我已经学会安心地行走在被遗弃的事物中，似乎同样能发现诗意。

金佛山在这里被冲刷出一个裂缝，成就了这里的峡谷溪流风光。景区内的路几乎是贴着谷底往前延伸，路边就有好几处岩壁值得观察。在别的季节，这个功课做过多次，我轻车熟路，完全不用东张西望。

毫无意外地，我看到了卵叶银莲花和七星莲。前者其实花期过了，只有阳光难以插进去的角落里，花会开得晚些，还有些稀落的花朵。七星莲是繁殖能力较强的堇菜属物种，连我家里花盆也有。同样是七星莲，委屈地开在石斛花盆的角落里，和连成片如仙如妖地开在岩壁上，就像是两个完全不同的物种。

在我选中的第三处石壁上，我待了好一阵。那是被溲疏花覆盖的世界，就像在积雪的缝隙里寻找隐藏起来的精灵。我耐心地慢慢用目光搜索着，很快，就看到了有意思的植物：已经结果的人字果，就像一个倒着的人字，名字实在是太形象了。一朵即将开放的黄花吸引住了我的注意力，我踮起脚尖，努力凑近看了又看，越看越狐疑——这花有点像过路黄，但从未见过过路

◆ 溲疏花

黄有如此小而坚硬的革质叶子,整个区域,又只找到这一朵。

我彻底兴奋起来,扩大搜索范围,良久,一无所获。在正准备放弃的时候,眼睛的余光里出现了一小片黄金碎片,定睛一看,喜出望外,原来是雀儿舌头开花了。这种植物的叶,是天然的杀虫药,据说花期长,我却从来没见过。这次明白是怎么回事了,原来花非常小,缩在萼片组成的盘子里,这盘子的直径也只有几毫米,再由细若发丝的花梗举到空中,如果不是把头钻到灌木中寻找那奇怪的过路黄,我哪里会看到。

◆ 人字果的果实,名字很形象

◆ 雀儿舌头

前面左边,有条上山的步道,去年秋天我在那里拍到过孔子翠蛱蝶,它的翅膀有着黄铜色的光芒,但看不出来和名字的关联。如果不上山,沿着车道前行,其实也不错,我曾在路边蹲守很久拍到迷蛱蝶。我选择

◆ 雀儿舌头

◆ 滇黔蒲儿根

◆ 刚羽化的山蟌，被我送到了避风的岩壁上

了上山这条路，想着植被要好些，能看到更多野花。

有几位游客，迎面向我走来，逆光中，我看到似有一透明小风筝，在他们的身影中晃动，最后摇摇晃晃落在他们脚下。

“请站住！”慌忙间，我顾不得礼貌，喊了一声。

本来聊着天的他们，吓了一跳，整齐地停住了脚步。其中一位下意识地抬头往悬崖上望，可能以为有落石。

“不好意思，不好意思。”我尴尬地一边道歉，一边蹲下去仔细看那透明的小风筝是什么。

是一只刚羽化的山蟌，可能被风从羽化处吹落，翅膀还没晾干，无飞行能力，只能随风飘落。

我把翅膀完好的它，轻轻放在避风的岩壁上，明天，它就可以自由飞翔了。

“好像是一只大蚊子，怪吓人的，幸好没踩到……”离去的游客小声嘀咕着。

我继续前行，接近下午5点，阳光的指针，已移到峡谷的上方，我在一开阔处停下，仰着头看上空一只飞着的蝶，似有降落之意，但风又把它托得更高。它倒不着急，换个方向，又试着往下。看上去像斑蝶，也可能是绢蛱蝶。金佛山区域，记录有两种绢蛱蝶，但多年来我只拍到其中一种。这一只会不会是另一种?

身边还有两只蝶,我已看清种类,一只大红蛱蝶,一只绿弄蝶,在黄昏中都很忙碌地乱窜,没法接近。

不得不惊叹空中那只蝶的耐力和耐心,在逆风中竟然起伏不定地飞了五六分钟,最终如愿降落了,只是没落在我这边,而是消失在小溪对岸的树丛里。

我叹了一口气,想起类似的一个黄昏,我在这里也是仰着头,等着几只蝶从上面下来,那一次很幸运,拍到了白弄蝶、珀翠蛱蝶。

我起身,快步向环山步道冲去,最后的夕阳还在那一带逗留。大踏步穿过空无一人的摊区和广场,曾经,人群背后的空地,都是我蹲守蝴蝶的

◆ 白弄蝶

◆ 珀翠蛱蝶

◆ 圆翅黛眼蝶和一群指角蝇争食

地方，两个峡谷在广场会合，相当于两条蝴蝶飞行线路在这里交叉，来来去去的蝴蝶，都会在这里稍作逗留，我在这一带拍到的蝴蝶有30多种，其中的圆翅黛眼蝶，是我唯一的野外拍摄记录。但此刻的广场，已被暮色覆盖，我的脚步声没有惊起任何东西。

◆ 环山步道溪流

其实，环道的幽深处，光线甚至比广场更暗，阳光的指针已拨至山巅。我身边的空气已经不透明，仿佛是某种液体或者胶质之物，带着点薄荷的清凉味。我放慢脚步，生怕错过了只在这个季节开放的美丽事物。

借着微弱的光线，我在岩石上看见了牛耳朵和革叶粗筒苣苔，都密度惊人，前者已经看得到花苞，它们即将在两三周后盛开，成为5月石壁上的颜值担当，后者将继续保持低调，在秋季的艳阳里才交出筒形的紫色花朵。看见了醉魂藤属的种类，它们要8月才开花。

现在不是它们的时间，也不是花期已过的银莲花、岩白翠的时间。

◆ 发现形状奇特的果实，长在疑是榕属植物的茎干上

◆ 革叶粗筒苣苔，秋天才开放

◆ 此地有醉魂藤，8 月才开花

◆ 可能是此山本季最后一朵岩白翠

◆ 吃完水的翠青蛇，丝滑地离开了我

接下来，我在一块路边巨石上，意外发现了密集的岩白翠的群落。为什么说意外？因为这是一块我非常熟悉的石头，它的上空总有滴水，烈日下会吸引蝴蝶和别的小动物。我曾在这块石头上，看到一条过来吃水的翠青蛇。它感觉到我的靠近，并不惊慌，继续安静吃水，然后缓慢离去，消失在树丛之中，动作优雅、连贯，仿佛遵循着一条看不见的丝滑曲线。但数年里的多次观察，我从未在岩石上看到过岩白翠。

我想了想，大概找到了原因。植物的传播路径之一，就是水流，所以常常在流石滩、溪流旁能发现更多的有趣植物。我在金佛山北坡，拍到罕见的金佛山兰，也是在溪沟里。雨季，这里承接了这片山坡雨水的冲刷，也接收了雨水带来的礼物。其中的岩白翠，终于因为适合在岩石上生长，占领了这块巨石。

通泉草可能是最不起眼的杂草家族，但通泉草属却有两个相当耐看的种类，犹如出身贫寒却风华绝代的佳人：岩白翠和美丽通泉草。金佛山幸运地同时拥有这两个种类，美丽通泉草，我仅在西坡发现，而岩白翠却各处多次偶遇，表现出更强的适应能力。

下午 5 点 30 分左右，我到达环山坡道的最高处附近，只觉眼前一亮，岩石缝里开放的一团黄花，像永不移动的阳光，照亮了这个区域。正是让我之前困惑的那种过路黄，这才是它们真正的领地，我看到好几簇，都开得正好，不容怀疑，现在的 4 月下旬，正是属于它们的时间。

这种陌生的过路黄，当晚我发上网后，引起各路植物专家的围观和分析。次日有两位同好，确认它就是 2020 年在重庆万州发现的植物新种棱萼过路黄，我的这次徒步，增加了它的一个分布，也给金佛山植物名录上增加了一个物种。

但在那个时刻，我没来得及推敲它的种类，因为阳光的指针正悬挂在头顶，我处在明与暗、昼与夜奇妙的分界线上。找了块石头坐下，一边喝水，一边回望整个神龙峡，它像包含着无数传奇的深色锦带，从我脚下一直铺向天边。十多年来，我在这个峡谷里看到过的神奇物种，都似乎出现在了眼前。

峡谷不像别的地方，可以把阳光反射到天上，似乎因为稀缺，会更贪婪地吸收着所有扫过它躯体的光线。或者说，光线经过这里，并没有移走，它们被挽留下来，有的获得了植物的身体，有的获得了蝴蝶的身体……

眼前，这一簇簇过路黄，也是由曾经扫过峡谷的光线构成的。其实这才是真理，包括我在内的大地上的所有生命，都来自光线，都由太阳的光芒编织和塑造，当然，这个过程是无比复杂和神秘的。有一点可以肯定，不管哪一缕光线，一旦它们在全新的生命中重新醒来后，都和组成生命的其他要素一起，共同拥有了生存和繁殖的本能，再也不想离去。

我起身，重新在过路黄的花朵中，辨认那些轻盈而美妙的光线。

◆ 棱萼过路黄

◆ 棱萼过路黄

褐钩凤蝶之旅

故事要从2006年7月15日说起，那时我服务的报社在四面山大洪海边的一个山庄闭门开会，研究报纸改版方案。对我这样的蝴蝶爱好者来说，简直像是考验我定力的会场，就连开会时，窗外都不停有蝴蝶飞过。到了山庄后，我不看蝴蝶，埋头听发言、写笔记，就是怕自己走神，我一向觉得自己的职业素养还是及格的。

第二天下午，领导们开小会，其他人自由安排，我匆匆吃了几口午饭，就提着相机溜了出去，沿着大洪海边的小路开始了我的蝴蝶搜索。白弄蝶、

◆ 白弄蝶小心地探出头来

◆ 新颖翠蛱蝶

箭环蝶、峨眉翠蛱蝶、新颖翠蛱蝶、双色舟弄蝶，我都是在那个下午第一次拍到的，仿佛置身于一个巨大的蝴蝶园，每走十步，必有蝴蝶飞起。

快到下午5点时，我打算再走几十米就折返，这样，能在晚餐前有10分钟以上时间整理一下浑身是汗的自己。前方小路边有一洼积水，我放慢脚步看了看，只有几片安静的枯叶，并无蝴蝶，才恢复正常行进。就在经过积水的瞬间，我的右脚刚落下，就有一片褐色的枯叶突然从脚边飞了起来，而且一片叶子在我胸前平摊成了两片黑色的翅膀，缀满明亮的黄色。

◆ 当年大洪海的小路，要靠这样的简易木桥连接起来

糟了！眼拙的我竟然差点踩到了一只蝴蝶。像施了定身法一样，我立刻全身纹丝不动，慢慢地往下蹲，希望受惊的蝴蝶平静后，还会回到刚才吃水的地方。野外

◆ 褐钩凤蝶

遭遇蝴蝶，其实第一眼看到是很难的，拍摄的时机，有一半以上是等着它重新落到地面或灌木上，这个我称为蝴蝶的第二落点。我们经历的世事其实也这样，错失之后，或许会有第二落点给你新的机会。

但这只陌生的蝴蝶，在我头顶来去几下后，径直飞到了远远的树枝上，一动不动了。我在那里蹲了足足10分钟，天也有些阴了，我知道它不会再落，只好换上长焦镜头，远远按了几张。

这张并不清晰的照片，还是能鉴定出蝴蝶的种类，原来，我拍到的是褐钩凤蝶。这张半糊的照片，还成了宝贝，后来用在了《常见蝴蝶野外识别手册》里，接下来的好几年，我们从互联网上都没查到它更清晰的图片。

此后，凡到大洪海，我都会特别留意路边的水洼，希望能再次见到这种神奇的蝴蝶。我又研究了褐钩凤蝶的资料，原来，它一年只有一代，成虫生存期20多天，偶然会到有流水的石壁或路边的水洼吸水，这是没有翅膀的人类唯一可以近距离观察它的机会。

按照拍摄日期和那只蝴蝶翅膀的新旧程度，我推算出它很可能在15

◆ 水边的草叶上，蜉蝣很多

日前一周就已经羽化，那么，以我差点踩到的这只蝶为时间基准，每年7月8日左右开始的20天里，才是最有可能在四面山偶遇它的有效时间。如果想要拍到新鲜完好的成蝶，那还需提前到7月8日左右进山。这样的计算有点主观，算非常个人的蝴蝶观察时间窗，但以我多年观察早春蝴蝶的经验，每年一代的蝴蝶出现和消失都极为整齐和准时，所以我很自信。

时间算出来了，但每年这个时候总是脱不开身，有一年下定了决心，结果从7日起连续阴雨，还是没能成行。第二年，差不多掐着时间进山，重走了当年的线路，发现路边那处水洼已消失，于是扩大搜索范围，发现那一边还真没有多少符合条件的蝴蝶取水点。

转眼就到了2021年，7月7日，我从大理飞回重庆，飞机上我习惯性地检查了一下自己的行程，发现差不多有一周的时间处理案头工作，就列了一个要处理的事务清单。就在冗长的单子快完成之际，冥冥中有一道幽暗的闪电照进了我的脑海——明天不就是7月8日吗？我不是对自己承诺了，只要天气许可，就万事推开去四面山大洪海找褐钩凤蝶吗？我有点紧张地马上查询天气，都忘了飞机上没有网络，根本无法查询。

飞机落地后，我查到重庆未来几天都是下雨，但四面山是多云，一阵欣喜从心里涌到了脸上，终于，又可以专程去寻褐钩凤蝶了。

想到15年前那个黄昏的第一个细节，已经有点恍若隔世。

8日，大清早我就下楼往车库走。刚进车库，身后一阵巨响，豪雨骤至，为避其锋芒，我等了七八分钟才把车开出来。一路上，时雨时晴，相当于我驾车穿过了好几场浓密的阵雨，9点钟到达四面山东门时，还好阳光灿烂，只有湿润的地面提示这里也曾有雨过路。

我放弃了当年在大洪海偶遇褐钩凤蝶的那一侧，计划从另一侧步行进长岩子，然后往珍珠湖方向走，至山顶折返，全程十多公里，全部是禁止游客进入的管制路段，重点是有多处路边水洼和流水石壁，正是爱在树冠活动的褐钩凤蝶偶尔下来的可能地点。

前一天，我已向保护区的管护站程烈勇站长报备，所以在大洪海码头避开游客，直接拐进了神秘的禁区小路。

才走几十米，感觉自己已经进入了另一个清凉世界。金丝桃花期已到，金黄色的花朵喷吐出长长的花蕊，就像给树林绣上了金色裙边。金丝桃花无人赏识，果无人食用，反而活得自由轻松。而野生的百合们就退避到了绝壁之上，把花朵垂落在空中。四面山有多种百合，这个季节开花的多

◆ 金丝桃

◆ 淡黄花百合开花了

是淡黄花百合。它们并不是偏爱绝壁，而是只有绝壁上的球茎因人们挖掘困难，才幸存下来。人类到来以前，想必它们的花朵比金丝桃还要密集吧。

这条小路几处都有溪水潺潺，蜻蜓翩飞，我今天的目标是褐钩凤蝶，扫了一眼，都是拍过的蜻蜓，就放弃了，继续沿路搜索。感觉还是到得太早，树林里的温度不够，除了一两种常见灰蝶，中大型蝴蝶竟然一只也没有看到。

我干脆加快脚步，不再在树林里逗留，因为走到长岩子，会有更宽阔的路面和空地，或许，在这种阳光时有时无的天气，更能发现蝴蝶。

果然，在长岩子为起点的那条公路上（有趣的是，可能是为了保护自然调整了旅游规划，这条公路并未通车），蝴蝶们起起落落，格外忙碌。

我此行有明确的目标物种，所以对曾经拍摄较多的蝴蝶一律放弃，径直从它们中穿行而过，有极好机会的顺便拍一下，并不恋战。往前走了约1公里然后折返，并无褐钩凤蝶，有点失望，勉强打起精神，仔细地把这个区域的蝴蝶一一打量。

一只硕大的弄蝶，引起了我的兴趣，它的体型甚至大过有些小型蛱蝶。它可机敏得很，本来在路边上吃水吃得挺欢，每当我和它的距离缩短为2米内时，它会立即拉升到空中，还发出笨拙的翅膀扇动声。这是弄蝶特有

◆ 蛱型飒弄蝶

◆ 珍贵妩灰蝶

◆ 旖弄蝶

的声音，所以，我有时候不回头也会知道有一只弄蝶飞到我的身后了。

几个回合过去了，我成功地接近了它并拍到照片。放大回放，确认是蛱型飒弄蝶。飒弄蝶属的有几个物种，外形几乎一模一样，区分它们全靠前翅正面的白斑。蛱型飒弄蝶的前翅中室端斑明显小于第2室的白斑，类似的还有西藏飒弄蝶，区别两者又要看另一组白斑。区分它们的细节，如果不是喜欢蝴蝶，就会觉得相当枯燥，但是喜欢的人，就会迷恋这些上天给出的密码，就像研究它们携带的族徽一样既深奥又有趣。

保护区管理站程站长笑呵呵地看了一会儿忙碌的我，提醒石桌上已准备了开水，一会儿和他一起吃饭，就忙自己的去了。管护站没有食堂，护林员们是分成小组，轮流弄吃的，食材和佐料也是搭伙，小组成员自己准备。

吃饭前，我又拍到了珍贵妩灰蝶和黑脉蛱蝶，这两个都是我在四面山常见到的旧友，虽然常见，每次见都还是挺兴奋的。

◆ 黑脉蛱蝶

和程站长一起搭伙的两个女护林员，都是我上次来长岩子时见过的。菜很简单，但非常美味，蘸水的调料配得特别好，我吃了两碗米饭后，自己打住了——吃得太饱，下午的爬山可能够呛。

半小时后，我走进了从长岩子至珍

珠湖那条小路。去年8月下旬，我在这条路上参加了堪称奢侈级的蝴蝶盛会，一天拍到7种从未见过的蝴蝶。从季节上说，7月上旬其实比8月下旬更好，但是今天天气差多了，我不敢抱太大指望。

走着走着，一只知了笨重地仰面摔到地上，翅膀微抖，细细的足徒劳地向着天空划动。没看到外伤，不知道它是受到致命攻击，还是完成了繁殖任务，天命已尽。正观察着，突然看见两只胡蜂从天而降，俯冲向知了，肆无忌惮地从尾部开始切割它的身体。胡蜂来得这么快，难道是尾随而至？甚至，之前是它们用尾刺攻击了知了，让它中毒从树上掉下？在没有发现任何证据，也没有看到类似观察记录的情况下，这只是一种大胆的猜测。

知了痛苦地划动着足，无力挣扎。我很想赶走胡蜂，但长期的野外观察训练，让我明白最好克制住自己的心软，一边是即将死去的知了，另一边是等着哺育的胡蜂宝宝，上天的安排是让它们互相制约，共同形成丰富、神秘的自然。

我告别了这微型的屠杀现场，继续寻找蝴蝶，山脚下这段路，光线很暗，我只看到破旧的几只黛眼蝶在树林间飞着。

◆ 掉在地上的知了，立即引来了胡蜂

◆ 小菇属种类

为了让没什么发现的我，不至于打起呵欠来，我随手拍摄了一些昆虫和植物，包括一朵小菇属的蘑菇。很快，我就来到了山腰，这一带的石壁潮湿，常有水流，也算林窗，头顶上能看到明亮的云团，是最有可能吸引褐钩凤蝶的地带。

我一步一步走着，吸取了15年前差点踩到褐钩凤蝶的教训，几乎是十厘米十厘米地扫描着石壁。这同样是一个枯燥的工作，因为整整一个多小时里，我什么也没发现。身边越来越明亮，阳光开始若有若无地投射下来，我的头皮都感觉到了明显的热力，这好转的天气给了我很大的鼓励，我继续一行一行地阅读着无边无际的岩壁之书。

突然，我发现左前方岩壁下方的泥土里，有什么不易察觉地抖动了一下。我把目光锁定在那里，小心观察。在那落叶和石块混杂的地带，我看到了蝴蝶，是一只翠蛱蝶，后来确认是捻带翠蛱蝶。不敢靠得太近，我远

◆ 捻带翠蛱蝶

远地拍了一张。果然，我也只拍到这一张。敏感的它已被我惊动，迅速飞起，然后向着树林里扑去。我又检查了一下那一带，碎石块上没有其他蝴蝶了，但有不少蜂类和蝇类停留，说明这里有能吸引它们的东西，比如腐烂的果实或落花等。

我找了一个能藏起身影的地方，在一块石头上坐下，把自己埋伏起来，这只翠蛱蝶必定会回来的。

我早就习惯了这种埋伏，坐在那里，像一块石头，一截树干，看着阳光的光斑在前方跳舞，听着远近的鸟鸣和蝉鸣，只有在这种时候，你才能明显感觉到自己的心跳，就像有个敲钟的人，在心中很深很深的地方，不计报酬也无须鼓励，只是忠诚地一下一下地敲着，给全身带来微弱的震动。他已经敲了50多年，而我只给他写过一首诗。

那只翠蛱蝶，在我坐定10分钟后，果然回来了。它仍能感觉到环境的变化，不知它凭借的是什么，但它就是知道，所以，只停留了几秒钟又飞走了，我缓缓举起的相机，都还没来得及对焦。正收回相机，准备把它依旧放到自己的膝盖上时，我突然看到了另一只翠蛱蝶，它的后翅有着一对耀眼的黄色斑，我不假思索，立即重新举起相机按下了快门。太神奇了，我都不知道它是什么时候飞来的，这是一只峨眉翠蛱蝶。这种蝶多型，有些有黄色

◆ 峨眉翠蛱蝶

◆ 峨眉翠蛱蝶把长喙插入潮湿的泥土中

斑，有些没有。

不知道今天是什么情况，峨眉翠蛱蝶也很快飞走了，再没回来，前面那只捻带翠蛱蝶又回来两次，但只是绕飞两圈就离开了，不像要吃东西，倒像是对偷窥者的抗议和挑衅。

这样对峙了40分钟，天更阴了，想着还得继续寻找褐钩凤蝶，我决定认输出局，离开这个绝佳的拍摄点。

思考了一下，从大洪海码头进来的路上，有几处相对开阔的林窗，路边有水洼，也应该是不错的蝴蝶落脚点。我急急地穿过树林下山，想趁着天色还早，在下一波阳光洒下来的时候，赶到那一带去。

即使走得急，我还是能注意到小路两边的动静，有一处落叶忽然震动了一下，又恢复了平静。我熟悉这种震动，落叶下应该有蛇，其实是受我脚步惊动，它飞快地钻进落叶然后一动不动。这个过程，反映到我的视线里其实已经是最后一个环节，落叶堆的突然一动。

我就在有动静的落叶不远处蹲了下来，保持着安全距离。我像刚才蹲守蝴蝶一样保持静止，死盯着前方，几分钟后，一条颈部带着黑色箭形斑的花蛇慢慢溜了出来，小小的蛇头上一对明亮的大眼，相当可爱。我愉

◆ 大眼斜鳞蛇

快地按下了快门，这是一条大眼斜鳞蛇，无毒，绝技是能像眼镜蛇一样竖起身子，颈部变得又扁又大并发出呼呼的声音。注意到它的斜鳞后，我捡起树枝想挑逗一下它，让它表演斜鳞蛇的绝技，结果它矜持而缓慢地无视我的树枝，钻进了前面的石堆里。

我继续执行计划，转移到了那段水洼多的小道上，但是什么也没有，连之前密度很高的翠蛱蝶也没有。守了半小时，仍然见不到蝶影。林间水潭里，发出咚咚的悦耳声音，但就是看不见蛙。我录了个视频，发给熟悉两栖动物的罗键兄，他回复说是仙琴蛙，这种蛙喜欢在水边的泥埂上挖穴做巢，然后躲在穴洞里鸣叫，由于穴洞的共鸣效果，声音才更为特别。原来是这样，怪不得找不到它们。我只好悻悻离开，继续思考如何寻找褐钩凤蝶，既然大洪海找不到，为何不去别的地方？四面山类似的地点很多。

在停车场，我取回车后，立即调头往水口寺方向开，我想起了一条悬崖上的公路，是我们以前常去的拍摄点，只是不知道那些岩壁上是否潮湿，路边是否有水洼，于是在投宿我喜欢的竹里馆民宿前，先去了这条路。天色已经有些暗了，不见蝴蝶，但岩壁上时有水流，路面上还有落叶和腐烂的浆果，应该是寻蝶的好地方。

◆ 利川异弱脊天牛

◆ 橙黄豆粉蝶

◆ 大波矍眼蝶

次日晨，好友寒枫赶来和我会合，一起寻找褐钩凤蝶。他本名宋爱国，北方汉子，生活在重庆江津区，拍摄四面山的风景和动植物，成了他最热爱的工作。

我们前一晚就讨论好了搜索线路，一共三条：大窝铺步道、飞龙庙步道和我想去的悬崖公路。讨论时，我还开玩笑说，如果三条线路跑完，还找不到，我就收起这个念头，不再主动寻找这种蝴蝶了。

上午 9 点过，我们进入大窝铺的峡谷，时间还有点早，整个山谷笼罩在山峦的阴影里。

不见蝴蝶飞，其实也可以拍蝴蝶的，因为中小型蝴蝶就待在灌木丛里。你如果能找到它们，它们会比阳光充足时更迟钝，更好拍。

我找到的一只矍眼蝶，就是这样，被我惊动后，只是飞到另一个枝头，继续保持不动。平时，矍眼蝶都是小疯子，毫无理由地在灌木和草丛中乱飞，停留几秒，又继续乱飞，拍摄者很难获得机会。这只大波矍眼蝶，还是我没拍过的，我们两人都很轻松地拍到了。

好运气仿佛一下子用完了，接下来的一个多小时里，我们再也没有找到蝴蝶，我懒洋洋地拍着肉穗草之类的小野花，寒枫兴致勃勃地拍摄菌类——他对蝴蝶远没有我痴迷。

◆ 肉穗草

10 点 30 分左右，我们到达第一个目标点，这里山谷变得宽阔，溪水平摊在宽阔的河床上，形成了多处潮湿区域和水洼。这是整个山谷最吸引凤蝶的地方，我们曾无数次在这里拍到蝴蝶、蜂类以及各种甲虫。

此时，太阳从云的缝隙里露了出来，脸被晒得火辣辣的，心里却高兴得很，只有这样的阳光，才有可能驱使凤蝶们来到河床上。

我们来到这里的时候，河床上只有 3 种蝴蝶：红基美凤蝶、飞龙粉蝶和黑角方粉蝶。但接下来的一个多小时里，有十来种蝴蝶陆续抵达，供我们从容观赏。

◆ 飞龙粉蝶

◆ 斑星弄蝶

◆ 白带褐蚬蝶

飞龙粉蝶，看着很像菜粉蝶，但个头更大，翅更宽阔，前翅正面的黑斑状如游龙。这是一种很难拍到的粉蝶，也容易被初学者忽略。其中一只贪婪地吸食河床上鸟粪的飞龙粉蝶，可以随便靠近拍，它根本不予理会。

在溪流对岸，我发现一丛正在开花的悬钩子，从一棵树上瀑布般地垂落下来，数十只蜜蜂在那里忙碌，共同发出一种轰鸣声。上面的粉蝶、弄蝶也不少，数量最多的是斑星弄蝶，我仰着脸，慢慢观察，发现其中一只弄蝶非常陌生。它只在瀑布的顶端停留，不像斑星弄蝶那样上上下下地巡飞。

◆ 四面山窗弄蝶

等了很久，它终于飞到相对低的一组悬钩子花序上，我赶紧举起相机，对着头顶一阵狂按。后来才知道，我是多么幸运，这是这几年才刚发现的四面山特有新物种：四面山窗弄蝶。

从悬钩子瀑布回到河床上，这里的凤蝶种类已增加到3种，除了红基美凤蝶，还飞来了巴黎翠凤蝶和碧凤蝶。其他的蝴蝶还有网丝蛱蝶、尖翅银灰蝶、白蚬蝶等。就在这个观察点，我们见到的蝴蝶种类已超过20种，这是一个惊人的数字。这是多么完美的观蝶，我兴奋地跑来跑去，几乎忘

◆ 红基美凤蝶

◆ 白蚬蝶

◆ 蹲守拍摄红基美凤蝶

◆ 巴黎翠凤蝶

◆ 秀蛱蝶

◆ 扇山蟌(雄,种类未知)

了我的目标蝴蝶仍不见踪影。

在蹲守的时候，我们利用时间的空当吃了点干粮，然后转移到飞云庙的第二条搜索线路上。这条线路是溯溪而上，有非常好的步道，道路两边都是杂灌，并没有我预计的岩壁，溪水旁倒是不时出现浅滩区，但很难从步道下去。

我加快了步伐，想到前方去寻找更合适的观蝶点，寒枫从我身旁的右边伸手拦住了我，我在惊讶的同时，立即反应了过来，就在我的左前方，一对交尾的麝凤蝶正在空中费劲地飞着，估计是惊动了它们，它们才很不

灰绒麝凤蝶

◆ 锦斑蛾

情愿地转移到安全地带。这是一对灰绒麝凤蝶，它们停了好几次，姿势都非常优雅，比蛱蝶们雌雄头部各朝一方的交尾姿势好看多了。

这条道上，还拍到了一种我从未见过的颜值很高的锦斑蛾，它的前翅的铜绿色带着金属的光泽，翅的中部有黄色斜带，构成一个V字。这种蛾，我这次进山来一共见到三次。

我们还花了一点时间采摘悬钩子的果实来改善吃干粮的不适，效果很好，吃完口腔和咽部都舒服多了，野外的这类福利还是挺多的。

就观察昆虫来说，这是一条非常棒的步道，但我惦记着褐钩凤蝶，走了1公里多，见环境不对，就叫上寒枫往回走，剩下的时间，我想全部用

◆ 四面山自然保护区缓冲区的步行道上

在悬崖公路上。

下午 4 点，我们的车开进了悬崖公路，虽然仍有阳光，但一路上并没见到蝶飞，两个人默不作声。车开到折返点后，驾车的寒枫让我只管一路拍，他则边拍边驾车往回走。

才走几十米，我们就发现刚才车上所见景象并不真实。实际上，这一路的中小型蝴蝶非常多，它们多在灌木中起落，要凑近才能发现。不一会儿，我就拍到了五六种蝴蝶，其中有两种是我没见过的，收获不小。

拍摄中，我惊飞了一只翠蛱蝶，它飞到一根杉树枝条上停留了。寒枫把车开过来，我打开车门，站上去，借助车的高度完成了拍摄，这是一只西藏

◆ 正是各种悬钩子果实成熟的时候

◆ 褐眉眼蝶

◆ 西藏翠蛱蝶

◆ 我高举双手，几乎是盲拍地按下了快门，终于看清楚了，就是褐钩凤蝶！

翠蛱蝶，四面山的翠蛱蝶种类真是太丰富了。

天空变暗了一些，可能云层增厚了，不过，对寻找中小型蝴蝶并无太大影响，我们继续沿着公路搜索，这个过程中，我特别留意潮湿的岩壁，看了又看，因为褐钩凤蝶和岩壁的颜色非常接近，容易漏看。

我们的搜索接近尾声，准备上车离开。寒枫看出了我的不甘心，说驾车到前面等我，让我再多搜索 100 多米。

于是，我一个人睁大眼睛，又走了起来。我走得很慢，心中也很困惑，这就是最适合褐钩凤蝶的地方啊，距离树冠很近的开阔地，带着细小流水的岩壁，又是它们刚羽化的时候，为什么两天搜索，却没见到一只？

时间已接近下午 5 点，我走到了几个蜂箱附近，忽然看见一只翠蛱蝶模样的蝴蝶在飞，几个来回后，它先在岩壁上的金丝桃枝叶上斜着停了一下，然后又飞了一圈，悠悠停在我前方的高高枝条上。

是什么翠蛱蝶呢？我有点好奇，双手高高举起相机，对着它停留的位置盲按了一张，收回相机，低头察看，突然，我的心狂跳了起来——这哪里是翠蛱蝶，明明就是我苦苦寻找的褐钩凤蝶啊！

我几乎是本能地慢慢蹲下身子，把自己藏在灌木丛下。我已判断出是

◆ 褐钩凤蝶

寒枫的车惊动了在这一带吃水的它，它飞起来时正好被我看见。只要我藏好，它很可能会再下来，因为这里很开阔，不像15年前和褐钩凤蝶狭路相逢时，给了那只那么大的惊吓。

不知道过了多久，可能有5分钟吧，褐钩凤蝶果然潇潇洒洒从树枝上飘下来，在空中兜了一圈，就朝着我的右前方落了下去，消失在我的视线里。

它停下了！我不敢起身，干脆贴着地面，一手举着相机，一手作身体的支撑，继续以灌木为遮挡，慢慢爬到它落下的位置附近，我轻轻拨开灌木的枝叶，很容易就看见了——它就停在细细的水流里贪婪地吸着。我保持着爬行的体位，让自己从公路下到沟里，先把身子贴靠岩壁上，再慢慢向它移动，一边不时按下快门。在获得理想的机位后，我狂拍了十多张，浑然没注意到因为紧贴着有流水的岩壁，我的胳膊和衣服，已全是泥水。

这组照片的唯一遗憾，是前景太乱，我不再拍摄了，只是很幸福地看着它，它比我想象的更好看，也比我在网上搜索到的生态图更好看，毕竟，拍到它的人很少，多数要么蝴蝶残破，要么不够清晰，而它，刚羽化的它，正处在一生中最美的时候。

◆ 尖翅银灰蝶

我正在犹豫要不要换到另一边去再拍一组，褐钩凤蝶就飞了起来，贴着石壁飞了几个来回，又停下了。两个位置非常近，我继续贴着石壁移动，很快又到达了理想的位置，此处环境很干净，我心花怒放地又拍了好几张。

接下来，我想用手机拍几张照片后，再拍点短视频，因为它的长喙一直在流水中扫来扫去，像在搜索着什么，看着挺有趣的。但又想到，寒枫还没拍，用手机会靠得很近，容易惊飞它。

我贴着石壁慢慢往后退，几乎是用同样低矮的姿势，回到了灌木丛的背后，然后给寒枫打电话让他回来。

“蝴蝶在哪里？”几分钟后，寒枫茫然地看着我手指的方向。

“你看，就是那块岩石，上面有一层碎石，就在中间接近碎石的地方。”我说。

“我看见了，太不明显了！”寒枫感叹了一句，就想从右边包抄。

“还是从我刚才过去的路线比较好。”我劝阻道。

“你那是逆光方向，阳光的影子会惊飞它的。”寒枫眯着眼，说着，一边慢慢从公路往沟里走。

我退后几步，尽量减小干扰。就在我退到公路中间时，发现褐钩凤蝶竟然飞了起来，同时，听到了寒枫“哎呀”的一声。

原来，他只顾注意目标，下去的第一脚就踩空了，身子晃了一下，差点摔倒。凭借这个史诗般的失误，他彻底错过了这一只褐钩凤蝶。

一边安慰他，一边看了一下这两天的徒步记录，我整整走了34公里山路，远远超出自己的估计，还好，我获得的结果是史诗般的成功，只是，过程像电影一样曲折。

中华双扇蕨之旅

2015 年，我在婆罗洲沙巴地区见到过一种奇特的蕨类，它的叶子从中间裂开，成为两片扇形叶，然后又完美地拼合回来，在空中形成一个圆形。仔细看这圆形，越看越惊讶，它的叶子外缘会以 90° 弯曲后垂下，仿佛那些粗细不等的叶脉，是从中央喷泉般奔涌而出，到达构成圆形的环线上时，恰到好处，又仿佛约好一般，整齐地纵身一跃成为悬挂的小瀑布，如同它们在共同验证某个完美的数学公式。这是上天的某个精心的设计吗？在这个家族代代相传，重复再重复。

继续观察，才发现这种蕨新长出的叶并不这样——它们像一双小手向

◆ 在婆罗洲拍到的双扇蕨

上举起，然后才慢慢展开，即使叶子完整也还看不出圆形，随着继续生长，等到能量全部蓄足，才把完美的公式演绎出来。

说实话，我刚开始都没看出它是蕨类，和平时了解到的蕨类差异太大了，直到翻过叶子来，看到了大小不等的孢子囊群，才确认它们的身份。

回国后，立即查资料，明确了它的身份，双扇蕨属的双扇蕨，在我国的云南、台湾等地也有分布。这个属是一个神秘的家族，几乎不在大众的视线以内，除了双扇蕨，还有两个种类：中华双扇蕨和喜马拉雅双扇蕨，根据秦仁昌的《中国蕨类植物图谱》，前者在我国分布于云南、贵州和广西，后者仅现于西藏墨脱。

自此，双扇蕨作为一个植物里的奇葩在我的记忆里刻下了印记。

几年后，我在网上偶然看到四面山的珍稀植物介绍，第一个居然是中华双扇蕨。中华双扇蕨！四面山有？重庆有？我相当震惊，真恨不得马上驱车去往四面山——要是能在中国的野外看到双扇蕨属的种类，那该是多么美好的事情！

直到2021年，我才在重庆林业局的一个会议上，打听到中华双扇蕨的发现地，原来就在我经常去的大窝铺。为什么我从来没在那里见到过？心中立即生出了一连串的疑问。

五一期间，是我其他工作的一个空当，但连续下雨的天气预报让我犹豫了好几天。后来我想，寻访植物毕竟不是寻访蝴蝶，对天气的要求不太高，路滑难行，自己注意安全就行。

说来也巧，刚打定主意，昆虫学家张巍巍的电话就来了，像是知道我的计划一样，说天牛专家林美英一家来了，他们夫妇都是中科院的，五一想去四面山大窝铺。

啥也不说了，这就是缘分，我赶紧向四面山自然保护区提交进大窝铺核心区的申请，终于在放假前搞定了手续。

5月2日，起床一看，天气大好，立即下楼开车，这样，比下午才能进山的张巍巍他们多半天时间。连续的雨天里，半个晴天也珍贵得很。

下午2点多，我过了飞龙庙，进入大窝铺的区域。置身于群山腹地，车窗外的空气都带着树木的清香味。我干脆把车窗全降，车速减成平时徒步的速度，慢慢悠悠地往前走，想看看路上是否有蝴蝶。

蝴蝶没看到，前面一簇簇小白花倒是显眼，感觉是溲疏，停车下去一看，果然是，正是它们开放的季节。重庆最容易见到的是四川溲疏，花瓣肉肉的很有质感，最有意思的是，沿着花瓣外缘还有一道清晰的刻痕，仿佛裁缝们给每一朵花都做了手工勾边。我觉得溲疏很适合庭院种植，花量大，精巧耐看。春花的花开过后，它们正好补上空当。

每年都有拍，所以我没着急拍，一边观赏一边往前走，直到见到一枝从空中垂下的溲疏花，形态很美，我才取下镜头盖，开始了此行的拍摄。

还真是进入了白花的时段。再一次停车时，我停在了两种白花之间，从地面往上开的是血水草，从上面垂下来的我一时还不认识。

这可能是我见过最漂亮的血水草花了：正当妙龄，初放时无风无雨，它的花瓣如同无瑕的白玉，共同组成了一团柔和的白光。

头顶的花，也好看，花瓣如带着皱纹的白丝绸，雄蕊长，花柱更长，像一根高高举起的手指，仿佛带着警告的意味。一般来说，花柱都会超过

◆ 四川溲疏

◆ 血水草

大百合花初开

◆ 长蕊杜鹃

◆ 大叶仙茅

雄蕊，这样来避免自己的花药落到柱头上受精，植物用这种方式获得更多异株授粉的机会。但举得这么高的花柱，是不是有点夸张了？像表演。看完花朵，再看它轮生的叶子，我很快反应过来了，原来这是长蕊杜鹃。

就在长蕊杜鹃身后，我看到了成片的大叶仙茅，只是前面都有宜昌悬钩子遮挡，看不到开花没有。我围着它们走来走去，终于找到一个空隙，那里大叶仙茅的根部完全露了出来，我看到一朵黄色的花，逆光下金灿灿的。旁边的一丛挂的花苞更多更密集，只是还没有开放。

回到车上，沿着公路迂回而上，半山上我突然刹住车，眼睛都直了：右边靠近山坡的一侧，竟然高矗着十来根花箭，有的比人还高，花朵还裹得紧紧的，如同挺拔的长矛。

“哈，大百合，太壮观了！”我感叹了一声。

◆ 发现一片大百合

这还是我第一次在大窝铺见到大百

◆ 大窝铺核心区界碑地带

◆ 大窝铺的溪谷是观赏蜻蜓的绝佳地带

合，四面山其他地方倒是见得多了。我下车去实地测量了一下，多数都比我还高，有的在 2.5 米以上。晚十天来就好了，不，晚一周就行，这一堆大百合全开的时候，一定非常壮观。

我的计划是在大窝铺驻地附近的溪谷附近继续野花之旅，一直等到张巍巍、林美英他们到来，我就可以跟着他们观察昆虫，然后用完整的第二天去寻找此行的目标物种：中华双扇蕨。都过去整整五年多了，我和双扇蕨家族应该在国内相见啦。

于是，我放弃了通往下游的步行道，右拐进入一条废弃的小路，想寻找 5 月的野花。但是，大自然是一本复杂的书，它的剧情也远比我们预估

◆ 扇山蟌（雌，种类未知）

的要复杂。在这条已经很难行走的路上，我只看见一些拍过无数次的常见野花。

我的步伐，惊起了一架微型直升机，它直接拉升到了空中，悬停了两次，就像在评估入侵者能给它带来多大的风险，然后，在更高的草丛中停下了。

扇山蟌！惊喜中的我立刻定住了身体，仿佛时间被按了暂停键，我保持着脚步落下瞬间的姿势。足足等了几十秒，确信它停稳后，我才缓慢地朝着它转身，更缓慢地伸出相机。说来也巧，在此之前，为了拍摄一种草本植物的种子，我已经把镜头换成了105毫米微距头，拍摄娇小的豆娘正是它的拿手好戏。

刚按下快门连拍几张，似乎还是察觉到了危险，微型直升机飞走了。我赶紧回放画面，彻底把它看清楚了，前后翅都有显眼的色斑，是我常在大窝铺拍到的种类。在豆娘（蜻蜓目均翅亚目种类）中，扇山蟌的形体有点跨界，既有扇蟌修长的腹部、小巧的头，又像山蟌那样停下的时候四翅总是展开而不是收起。

◆ 褐带扇山蟌（雄）

◆ 凸尾山蟌

我决定继续追踪这种扇山蟌，一定要拍到更全面清晰的照片，最好雌雄皆有，以便鉴定出种类。

这是在从山上往下的溪流一侧，正是蜻蜓最喜欢的环境，我再次发现了几只起起落落的扇山蟌，但仿佛收到了警告，它们都和我保持着距离，不给我凑近观察的机会。不过，难不住我，我蹲在那儿一动不动，果然有一只送货上门，还是一只雄的，因为它的尾部有一个小夹子一样的东西，那是它交配用的抱握器。差不多5分钟内，就拍到了雌雄，简直太顺利了。雄性的前后翅中部，都有隐约的色带，除此之外，和雌性并无区别。

后来请教了蜻蜓专家张浩淼，他说这就是褐带扇山蟌，一种最为特殊的扇山蟌，全球的扇山蟌中，就这一种雄性翅上有明显色带。

“明显吗？我怎么觉得只是隐约的色带。”我有点困惑。

“你是从正面拍的，反面看很明显。”他回答说。

原来是这样。扇山蟌停留时总是大大咧咧地展开着双翅，它把翅膀收起时才能拍到反面，也很难拍到反面啊。我又打开他编写的《中国蜻蜓大图鉴》，翻到扇山蟌，果然，他拍到了收翅的褐带扇山蟌，色带非常明显。

◆ 竹根七

但是雌性就难以确定了，因为同一区域内，可能有不止一种扇山蟌，而扇山蟌属的很多种类仅凭照片是无法鉴定的。

我以为进入了大窝铺的野花时段，实际上，我进入的是蜻蜓时段。整个下午，我发现的有意思的野花只有一种，是正逢花期的竹根七，它比近亲黄精属玉竹属的花都要好看得多。

而蜻蜓却三步一只，五步又一只，简直把我包围了。特别值得一提的，是其中的凸尾山蟌，一个相当冷僻的家族，研究有限，在野外发现的概率也很低。我还发现了一只刚羽化的戴春蜓。其他的常见蜻蜓还有一些，我

◆ 刚羽化的戴春蜓

◆ 盲蛇蛉

◆ 天晴了，我们蹚过溪水向着土湾方向出发

就没有花时间去追踪了。

晚饭前，我们终于碰上头了，也商量好了晚上灯诱的事。我破天荒地决定不参与守灯，我得好好休息，把体力留给第二天的艰苦徒步。当晚灯诱，上灯的昆虫很多，还来了一只特别罕见的盲蛇蛉。我拍了盲蛇蛉后，道过晚安，就上床睡觉了。

早餐时，听说我要寻找中华双扇蕨，管护站就给我安排了一位向导小龚，他是土湾管护站点的员工，本来就要回去。

“具体的分布点知道吗？”我问。

“没见过。”小龚一脸憨厚地笑了笑，很干脆地回答。

我又详细问了一下到土湾的路况，感觉自己带上干粮，一天内慢慢走

◆ 弥环蛱蝶

个来回问题不大，于是产生了一个小目标，不管能否找到中华双扇蕨，如果天气允许，今天走到土湾再折返。

小龚扛了一袋粮食，还提了一包补给，带着我们出发了。我们只用了十分钟，就穿过了平时边走边拍需要一小时的小道，来到溪流边。连续几天下雨，溪水涨起来了，我们要脱鞋才能过。

过了溪流，发现小道上有几只橙色条纹的蛱蝶起落，原来那里有蛙类的尸体，朝阳一晒，引来了它们。我顺利拍到了，是弥环蛱蝶，一种分布得比较广的环蛱蝶。

在等待后面的林美英一家时，我的眼睛也没闲着，四处扫描，结果从一簇蕨类的下面，发现了生长在枝叶上的两朵美丽的橙黄色蘑菇。应该是刚长出来，上面的菌盖呈半球形，橙黄色底色上还分布着同色的刺鳞，菌柄上长着绒毛。后来请教了蘑菇

◆ 小橙伞

◆ 作者沿着悬崖边的山路寻找中华双扇蕨

专家肖波，他一眼就认出来了，是白蘑科的小橙伞。

大家围观完小橙伞后，继续出发，立即发现脚下的路变得滑多了，我们进入了人迹罕至的区域。前面有两条路，都能到达土湾，沿溪水边的一条我走过，于是选择了走另一条。我们沿着悬崖边缘的小路小心地走着，有些路段，我都不敢分心去寻找植物。

虽然路不好走，但景致真是极美，随处停留，抬眼看到的层层森林也极美。阳光从上面斜射下来，水雾拦腰遮住一半森林，而我们经过的岩石和大树，都长满了苔藓或蕨类植物，保护区的核心区气象和外面大不相同，格外有一种仙气。

这完全是植物爱好者的天堂，可以记录的植物太多了。我在一块岩石上，发现了一种石豆兰，高兴得大呼小叫。小龚好奇地走回来，探头一看，笑了："这东西太多了，不稀奇！"他还真不是吹牛，接下来我陆续发现了很多。除此之外，还有七叶一枝花、玉簪花，都是很有颜值的。在一个树

◆ 石豆兰

◆ 七叶一枝花

◆ 大窝铺核心区林相

林里，我发现了刚开过花的虾脊兰，足足有几十棵，可以想象一下，它们开花的时候有多么壮观。

就在小惊喜不断地走着，走着，我突然就呆呆地站住了——我不知不觉地走到了一种陌生的蕨类中间，左边、右边和上方全是它，铺天盖地，占据了整个山坡。这种蕨的叶子被高高的叶柄举到空中，再从中间等分裂开，变成两个扇形。只是，它们不像我在沙巴见过的双扇蕨那样，会在边缘附近形成一个完美圆形。它们的裂口更深，网状的叶面并不紧紧地结合在一起，而是各自飞扬，自由洒脱，总之更疏朗、自然，保持着随意延展的姿态，自带一种荒野之美。

毫无疑问，这正是我朝思暮想的中华双扇蕨，就这么轻松地在野外偶遇了。和我想象的要离开主路、深入丛林、在危险的悬崖上才能找到一两棵的剧情，差距实在太大。但是，它们的气质却远远超出我的想象，给了我一个大惊喜。

“就是这个呀？”小龚又走了回来，仰着头看了看，说：“每次路过都

◆ 中华双扇蕨

◆ 中华双扇蕨

◆ 护林员小龚为后面的人画路标

◆ 有竹竿的支撑，过独木桥无压力

看到它们，但不知道是什么。”想了一下，他又说：“我们管护的范围内没有这个。”

我们还远远没有走到小龚管护的范围。但是道路更为崎岖、湿滑，这么说吧，接下来这几百米路，我们每个人平均摔了两次，好在都有惊无险，只是弄脏了衣裤。当我们翻过这座山，又走到溪边时，后面的林美英他们已经落后很多了。我让小龚在泥地上画了个路标，就继续往前走。

小龚皱着眉头提醒我说：“今天水大，不知道好不好走，不行的话，你们就到这里吧。”

此时，天色已由早晨的蓝天白云，变成了一片灰蒙蒙，偶尔还有雨点飘下来。

“看看前面的路况再说吧。”我有点不甘心。

确实越来越难走了，沿溪而行的路已淹没在水里，我们得通过露出水面的石块甚至踩在水里才能经过。最大的考验，是一条支流与溪水的汇合处，需踩着独木桥而过。雨后的独木桥看上去相当湿滑，背着器材的我很有思想负担，不敢像小龚那样几步跑过去。小龚捡了两根竹竿递给我，

◆ 溪流中间的黄芩

◆ 头状四照花

◆ 八角莲

有了它们的支撑，我就可以慢慢悠悠地稳步通过了。怪不得独木桥的两岸有很多散落在地的竹竿。过了桥，窃喜，无意间还学会了万无一失过独木桥的民间绝技。

12 点，我们终于进入了土湾管护站的区域，小道变宽变得平坦，徒步变得越来越轻松。如果只是赶路不拍摄的话，土湾只有半小时左右的路途

◆ 金樱子

◆ 黄花白芨

了。但小龚越来越担忧地不时看天，说："雨可能马上要下，如果一直不停，你们下午回去困难。因为雨会带来溪流猛涨，刚才勉强能过的地方，就有可能无法通过了。"

毕竟安全第一，我决定立即折返。如果天气变好，我们就换一条路，沿溪边回去；如果下雨，就原路返回，因为原路离溪水远，不会受溪流猛涨的影响。

其实心里很是不舍，感觉进入了四面山的一个全新的生境，就在我们的折返点，黄芩在溪流中开出无边的花朵，四照花也有好几种，我去溪边洗手时，还发现了一只硕大的臭蛙，要是天气稍好点，接下来的半天一定会有很多发现。

小龚的判断是对的，我们往回走了几百米，雨就下了下来，而且越来越大，好在准备充分，备了雨具。大家收起相机，专心赶路，虽然不时有人摔跤，但两个小时后，全体安全地回到了大窝铺管护站。

徒步缙云山

要读懂缙云山，先得读懂华蓥山脉。

从万米高空俯瞰，华蓥山脉形如龙爪，斜插入重庆版图，活生生地隔开了西边的浅丘和东边宛如竖琴般优美而整齐的平行山岭。龙爪，也就是华蓥山的支脉，最有代表性的有九峰山、缙云山和中梁山。仔细看，龙爪经历嘉陵江的亿万年切割，被迫让出了一条宽阔的水道和曲折峡谷。

◆ 猴耳朵

2000年起，我就爱上了高山峡谷间的徒步，最初因为迷上蝴蝶，后来扩展到野外的各种动植物。华蓥山脉距重庆主城近，自然成为我和同伴经常探访的地方，有几年的好季节里，我们都会在缙云山盘桓多日。后来对华蓥山主峰产生了兴趣，又移师过去连续考察。再回到缙云山时，更能感受到同一山脉物种的共同性和差异，对比研究，相当有趣。

我曾经写过一句话：读书如读山，宜溯溪而上。我觉得溯溪而上，真的是最美妙的读山方式，沿溪谷上山的路，风景多变，物种丰富，比枯燥地从头到尾拾级登顶要有意思。但是缙云山没有贯穿始终的溪谷，这种方式就不适合。

作为华蓥山脉龙爪的中指，缙云山长条形的山脊西坡舒缓、东坡陡峭，林相风物各异，选不同的线路上山，会让你怀疑是不是登的同一座山。缙云山岩层一般上层为厚砂岩，下层为泥页岩。泥页岩能像海绵一样吸纳水分，超出容纳量后，水就从两种岩层之间流出，在东坡西坡分别形成平行的冲刷沟谷。

正是这种有如内藏水箱的岩石结构，支撑起缙云山大面积的常绿阔叶林，又因为东坡的陡峭，不宜耕作，在人类活动极频繁的地区，保留下来一个相对稳定的生态系统。抗战期间，缙云山成为南下的中国植物学家们的乐园，发现了大量新物种植物。

生物多样性从来不是单一的，缙云山还成为很多动物的庇护所，以我最喜欢的蝴蝶为例。重庆北碚一个蝴蝶爱好者，锁定缙云山进行连续考察，最终记录到144种蝴蝶，这是2015年的数据，现在应该又有进展。

一

阅读缙云山，或者说以物种考察为目的的缙云山徒步，我是从黛湖区域开始的。

这是此山一个相对来说水系完整的溪谷，雨水被树林及落叶层吸收后，慢慢渗进岩层，这个过程经过近乎完美的自然过滤，再从不同岩层的接触面往外涌，形成众多的泉眼。

20 世纪 30 年代，这个溪谷被筑坝截流，才有了黛湖。黛湖的下游，还有两个湖体。三个湖共同组成了一个波光滟滟的生态系统。

围绕着黛湖，从 2000 年开始，我有十多次不同时代段落里的徒步，有着完全不同的感受。

第一个阶段是 2000 年到 2007 年的 4 次黛湖区域徒步，算是一个阅读缙云山、认识黛湖的递进过程。最初的两次，是想溯溪而上，记录 500 米左右落差环境中的物种变化。但湖边小道有时很快就拐进了松林，有时又进了寺院，线路越走越糊涂，来回走了好多回头路。好在环境好、蜻蜓多，体验感还是挺好。

2006 年秋天，完整地走了一次黛湖区域，是从绍龙观往上，经翠月湖再到黛湖，终点是翠月湖的上游水源。

那是记忆中最完美的黛湖了，湖水如黛玉，浅水处有水草蹿出水面，深水处浮着蓝天和白云，我竟然看得中断了记录纷飞的蜻蜓，坐在湖边发了好久的呆。感觉这湖虽小，却有灵性，一如缙云山之眼，和我们一样，也看蓝天，也看白云，有时，还隔着水草眯着眼睛看蜻蜓飞舞。

◆ 作者 2006 年考察黛湖上游区域水源

由于有黛湖的关照，蜻蜓也显得比其他地方自在，并不怎么怕人。我毫不费劲地观察到好几种蜻蜓：锥腹蜻、黄翅蜻、红蜻、白尾灰蜻、

清晨的黛湖

异色灰蜻、玉带蜻和华斜痣蜻。其中的玉带蜻是这个区域最显眼最稳定的存在，后来的漫长岁月里，每到黛湖必能看见。雄性的玉带蜻，黑色腹部的第二节至第四节为白色。所以，只要看见一只蜻蜓拖着白点在空中穿梭，那就是它了。体型稍大的华斜痣蜻还是有些警惕，我是第二次在野外碰到，特别想拍。它飞两圈，停一次，很有规律，可惜从不落在离我近的地方。

那次徒步的最后段落，在过膝的草丛里，还见到了难得的景象：足足有 20 多只苎麻珍蝶，在很小的范围内起起落落，享受着秋天的阳光，像一些忽然有了呼吸的金箔，耀眼而灵动。

苎麻珍蝶群舞的景象，给了我很大启发。次年春季的一天，我独自驱车来到黛湖，停车后就急忙往同一个位置走，想象那里应该有很多蝴蝶出现了。

可能到得太早，那一带尚未被阳光照到。进一步仔细观察，除了灌木、青草，也没有别的蜜源植物，就算等到阳光满目，是否会有蝴蝶来仍是问题。

在黛湖边来回走了40 多分钟，一只蝴蝶也没见到，只觉得衣服略单薄，吹来的风颇有寒意。

◆ 苎麻珍蝶

我边走边想，黛湖区域，正好是缙云山连绵不断的阔叶林的边缘，再往下就是农耕区，这种过渡地带是蝴蝶最喜欢的。所以，眼前的受挫一点也没有影响信心。回到车上，我调头往下，见路口或人家就停，四处寻找有蜜源植物的地方。

在距离翠月湖不远的地方，有了惊喜的发现。一农家附近竟有一小块地的萝卜花正在盛开。春天的田野里，萝卜花和大葱花，是最能吸引蝴蝶的。但去那块地，必须经过农家的院子。

“你走错了，农家乐在上面那条路。”一个中年汉子闪了出来，在院子门口挡住了我。

“我不是找农家乐。你家萝卜花那里有蝴蝶，我想去看看。”我指了指他的身后。

“我妈妈种的，萝卜花太惹蝴蝶了。你是研究害虫的吗？”他有点不好意思地笑了笑，一脸歉意。

“不，我喜欢蝴蝶，所以萝卜花是好东西。我能过去看看吗？”

“噢。”他看了我一眼，似乎松了口气，让开了路。

刚走到萝卜花旁边，我就发现有一只粉蝶很不一般，比菜粉蝶明显

◆ 黄尖襟粉蝶

小一些。它停下来时，我的眼睛都瞪圆了：“黄尖襟粉蝶！”

襟粉蝶属的种类很少，重庆主城区能有机会看到的，就是这个脑袋小小、翅角尖尖的黄尖襟粉蝶。

我蹑手蹑脚，猫着身子迅速来到那簇萝卜花下，仰着脸拍了起来。

它也只给我这一个机会，再次拉升到空中后便坚定地向着山下飞走了。我叹了口气，扭头又来寻找别的蝴蝶，在我的视野里，至少有三种灰蝶和两种凤蝶。

这块地的缺点是稍微小了点，只要探出身来，举起相机，蝴蝶们就会受惊飞走。我只好蹲在那里，耐心等着它们回来。

◆ 柑橘凤蝶

◆ 碧凤蝶

◆ 蓝灰蝶（正面）

“你要不要板凳？”身后传来了那个汉子的声音。他应该在那里站了好一阵了。

于是，我第一次坐在萝卜花地里蹲守蝴蝶——旁人看着一定非常奇怪，我自己却很舒服。

中午，我穿过院子，去附近农家乐吃了饭，再回到萝卜花地里幸福地坐下，等着下一拨有翅膀的客人光顾。

前后有十来种蝴蝶拜访了这片萝卜花，仅凤蝶就有金凤蝶、青凤蝶和碧凤蝶。真的没想到，才 3 月下旬，它们就纷纷羽化了。

这次拍摄后，我和朋友们对缙云山的兴趣转向了植被更好的密林深处，很长时间没有专门在黛湖周边徒步，主要原因是这一带陆续出现了几家农家乐，占据了黛湖视线最好的位置或者圈出了自己的地盘，已不适合自由行走。

这算第二个阶段吧，有几次路过，我也努力去小走了一下，但是黛湖已无之前的清幽，水质明显变差。我和这里的蝴蝶也失去了缘分，再没

◆ 虎斑颈槽蛇

拍到感兴趣的蝴蝶，唯一值得一提的是，拍到过一条虎斑颈槽蛇。蛇喜欢在农家乐周边出现，因为有它们喜欢的食物——家鼠。

再来到黛湖，已经是2020年深秋，恰逢缙云诗会，我和诗友们在黛湖边散步，发现那些碍眼的农家乐都不见了，湖水清澈，仿佛一下子回到了十年前在黛湖边初次徒步的情景。当晚住在缙云山下，一时兴起，给黛湖写了首诗，还立誓等到季节许可时，再次徒步黛湖区域，看看我喜欢的蝴蝶们是否已经回来。

黛湖

只有怀抱湖水的人
才能看到真正的黛湖

他看到的湖更小
小得就像另一个湖的入口

小得像一个纽扣
把此刻景致、万古山河扣在一起

这一边是短暂的我们
另一边是永恒的宇宙

正是因为这种不对称的美
我们存续至今

渺小的我们，熟睡中
也不会放下紧紧抱着的湖

任凭桃花水母，代替我们
往返于两个世界

2020.11.6

7月，盛夏的一天，我终于开始了新一轮的黛湖徒步。

◆ 农家乐已撤出，黛湖环湖皆为绿荫

第一天，我以翠云湖为起点，穿过曾经的农家乐，再一路北上深入密林。这是我曾经计划多次的线路，可以在阔叶林和耕地间反复往来，可惜被农家乐们圈地后难以通行。现在，那一带已经清爽了，只有山林，只有干净的林间小道。

刚走几百米，在被拆除建筑后留下的空地上，我就看到了三三两两的蝴蝶在那里起起落落，我仔细观察了一下，其中的灰蝶似乎是没有记录过的。为了节约时间，我放弃了其他蝴蝶，一路跟踪飞个不停的它。它在草叶尖上稍作停留时，我得到机会，飞快地按下了快门。这是一只东亚燕灰蝶。燕灰蝶属的种类后翅上都有纤小的燕尾，

◆ 东亚燕灰蝶

◆ 白带黛眼蝶

它们随风在空中不停晃动，非常可爱。

我继续穿行，穿过了房车营地，再往上踏上一条荒芜的小道。左边是森林，右边是花农的苗圃，我刚好走到它们的分界线上，这样的环境，是眼蝶最喜欢的。此时是下午蝴蝶乱飞的时间，眼蝶们十分活跃，难以接近，只能一饱眼福。我看到一种矍眼蝶、一种暮眼蝶和两种黛眼蝶。

天气炎热，我的T恤很快湿透，但每走几步就有蝴蝶飞起，加上山风阵阵，只觉得步履轻快，十分舒服。

突然，头上的树枝一阵乱响，我吓了一跳，抬头一看，原来是两只嬉戏打闹的松鼠在细枝上往来扑腾，全然没有失足掉下的担忧。这时，我又听到身后有轻微的动静，回头一看，不觉呆住了，一丛灌木上还立着一只松鼠，这不奇怪，奇怪的是它正啃食着一只竹蝗。

“你不是吃坚果的吗？还抓虫吃？”我心里暗自发问。呆了一下，这才想起什么，赶紧举起相机。

◆ 竹蝗

来不及了——它已经极轻蔑地转过身去，用屁股对着我，还示威性地晃了晃大尾巴。在我按下快门前，它就跳走了。

错失松鼠抓竹蝗吃的照片，我站在原地懊恼了一阵，才继续往前走。我很快就明白，松鼠为什么能抓到竹蝗了。这里的竹蝗太多太多，被我脚步惊动，成群飞起又落下，居然能发出类似海浪拍沙滩的哗哗声。

就这样，我不知不觉走了3公里左右，来到了这座山的垭口附近，视线里已经依稀看到下面半山的民宅。

第二天的徒步就更轻松了，我仍是以翠云湖为起点，先往下去绍龙观折返，再往上去黛湖环游一圈，完整地看到了整改后的黛湖区域的新面貌——还是如此干干净净的湖水，才配得上缙云山啊。虽然有失最初的野气，但颜值似乎更高，更能吸引北碚市民来环湖散步。

湖边种了很多花卉，引来蜂蝶逗留。正午的时候，湖边就我一个人，可以不慌不忙，从容拍摄。差不多花了半小时，我就非常轻松地拍到了虎斑蝶和斐豹蛱蝶。花丛中，还有几只小豆长喙天蛾在活动，它们的拿手好戏是悬停着采蜜，其轻盈程度不亚于美洲的蜂鸟。

◆ 虎斑蝶

◆ 斐豹蛱蝶

◆ 小豆长喙天蛾

◆ 象鼻虫

二

缙云山的西坡舒缓，自然保护区内的阔叶林和山民世代耕种的坡地在半山犬牙交错，形成了蝴蝶喜爱的走廊，也特别适合观察其他昆虫。

我们在西坡有过好几次收获颇丰的考察，白天，我们会选一条线路徒步，沿途记录有意思的物种，晚上再到冬瓜、雨田等农家乐灯诱，观察有趋光性的昆虫，或拿着手电筒深入灌木丛林，享受美妙的精灵之夜。

5月，其他高海拔的山地尚在早春里，最高海拔1000米左右的缙云山已渐入佳境。这是此山最美妙的徒步时段，蚊虫少，野花多，各种昆虫粉墨登场。

这个季节，我们一度最喜欢的徒步线路，是沿微波站通往缙云新村方向的林间小道，然后看物种丰富程度和天气选择折返点。在缙云山也尝试过其他徒步线路，多是登山道，走着走着就进入密林深处，蝴蝶在树冠之上飞着，而我们只能在树根附近仰头看看，望洋兴叹。这条步道就不一样了，它会途经很多林间空地——正是精灵们最喜欢光顾的舞台。

◆ 缙云山

我也尝试过更早的月份进入这个区域，比如在4月上旬，想的是兼顾早春蝴蝶和野花。有一天春光明媚，我在这条步道上往返走了三个小时，只在山莓的白花上看到食蚜蝇和蜜蜂，但一点没感觉到失落。因为春天的山林有焕然一新的美，树林和灌木都是旧叶犹在，新芽已出，整个周遭充满了这样微弱而又无边无际的喜悦。我走着，被这种万物共同的喜悦感染着——在这样的季节里，每个生命深处都有一种盘旋而上的力量，而当我们走在旷

◆ 绒毛金龟

◆ 中国虎甲

◆ 钩翅天蚕蛾

野中时，最能切切实实地感受到。

像是为了奖励我的喜悦，这天徒步的尾声，我在草叶上看到一只陌生的金龟子——它全身泛着金属色，身披绒毛，小盾片像一个舌头向后伸出。这是我与绒毛金龟科物种的第一次相遇，这个家族的种类都身体狭长，似乎比金龟科的更有灵气。这天吃完饭，我和同伴们会合后，又在农家院外的落叶堆上发现了中国虎甲，大家不由得一阵欢呼。

这过程，有点像前一晚我们在冬瓜农家乐的灯诱，那是一次山中早春里的寂寞灯诱，灯下的白布保持着干干净净，空无一物。直到午夜时分，我们聊完了天，打着呵欠准备睡觉了，突然，一只锈红色的大蛾从天而降，在院内翻滚扑腾。等它安静下来，同行的昆虫学家张巍巍认出是钩翅天蚕蛾，它的前翅顶角下弯如钩，所以得了这个名字。

一个多月后，同一个地方灯诱，景象已完全不同。

为昆虫们点灯的灯光，射向山崖和山下，就像铺好了无数透明的轨道，各种蛾子、甲虫沿着轨道从四面八方蜂拥而至。我们各自拿着闪光灯，忙个不停，人人都处在有点手忙脚乱的欢乐状态里。

其间，我们还打着手电筒，沿着山道完成了40多分钟的夜探，那也是一次惊喜不断的夜探，差不多就在200米的步道两侧，光彩夺目的昆虫明星一个接一个地被手电筒的光发现，引起此起彼伏的小声惊叹。

◆ 褐蛉

◆ 尖胸沫蝉

◆ 绿鳞象甲

那一晚，我的状态和运气都特别好，拍到了停在草叶尖的褐蛉、刚刚羽化的尖胸沫蝉和倒挂在草茎上的绿鳞象甲，连藏得很好的晨星蛾蜡蝉和角蝉也被我发现了。

回到灯诱点，我们继续工作到午夜。我最后拍到的是一只不起眼的蛾子，但它在微距镜头下真的非常奇特：翅膀就像孔雀的尾羽一样，由扇形排列的一根根羽毛构成，只是缺少了那炫目的眼斑。后来我们知道了它的名字，孔雀翼蛾，翼蛾科的种类，也叫多羽蛾。

第二天的徒步，我们没有晚上

◆ 晨星蛾蜡蝉

◆ 角蝉

◆ 孔雀翼蛾

◆ 鸭跖草

◆ 山莓

◆ 栝楼结果了

那么忙碌，但引发我们围观和讨论的物种还是不少。我印象最深的，是在一种小型竹类上拍到呆萌可爱的竹笋三星象，和我们见过多次的大竹象不一样，它的体色更浅，前胸背板上整齐地分布着戒疤样的三个黑点。我看到它时，它正用前足紧紧地抱着竹笋，把尖尖的喙深深地插进去。我的脚步惊动了它，它赶紧把喙退出来，保持一动不动。过了一会儿，它似乎觉得没什么危险，又再次插了进去。大竹象可是超级警觉的，一旦惊动，立即弹开鞘翅，扑腾着飞走，哪里会像它，只顾开心地钻个不停。

可能是受了它的感染吧，拍完竹笋三星象，我也收起了相机。山莓刚熟，酸甜可口，我采了很大一把，边走边吃，十分惬意。

◆ 竹笋三星象

◆ 竹笋三星象

◆ 重走黄焰沟至大屋基步道，作者在核心区关卡

七八月，再来缙云山西坡一侧，我们会放弃之前迷恋的步道，选择山腰的缙云村黄焰沟至大屋基一线徒步。这样选择有两个原因：一是林中步道蚊子极多，特别是经过竹林的时候；二是夏季最适合拍蝶，而更宽阔的山腰土路比林中空地接触蝴蝶的机会更多。

这条路一直通向缙云山核心区，一般规律是越接近核心区，物种越丰富，但几次徒步给我们的印象并不是这样。除了蝴蝶丰富外，其他的昆虫多为农耕区常见物种。比如，这条路上我拍到过红袖蜡蝉，这是昆虫迷都很喜欢的明星昆虫，但它实际上总是在玉米地里出现。

和当地山民聊天，我们才慢慢知道，不止是黄焰沟居民多，核心区里的大屋基也住着不少人家。他们世世代代居住于此，习惯了里面的艰苦生活，不愿搬到山外生活。

◆ 红袖蜡蝉

◆ 环斑猛猎蝽

◆ 黑边裙弄蝶

◆ 琉璃蛱蝶

◆ 大红蛱蝶

近两年，听说缙云山在全面整改，包括黄焰沟至大屋基在内的自然保护区核心区和缓冲区，总共有 200 多户已全部迁出，我心里产生了想重走黄焰沟的强烈冲动。

7 月的一天，烈日炎炎，我们一行人出现在了缙云村黄焰沟。下车后，我一边东张西望，一边急急往前走，眼前的景象让我相当震撼。黄焰沟的居民点缩水不小，以前村民屋旁的核桃树，孤零零地立于苗圃里，房屋已经不见了踪影。顺着公路，可以看到两边的树林，不时露出一个方框形的空地，那是人类撤退后拱手归还给自然的，看上去自然还没完全接手。

只有蝴蝶一如既往的多，甚至比以前更多，只走了百余米，我就观察到七八种蝴蝶：一只黑边裙弄蝶停在路边的竹子上，一只琉璃蛱蝶在残

◆ 透翅蛾

◆ 散纹盛蛱蝶

存的砖块上寻找矿物质，接骨草的花朵上则有蓝凤蝶、碧凤蝶等在飞个不停。

没有任何宣言，蝴蝶们很自然地接管了房屋消失后的空旷山坡。但大自然将如何整体接管并运作200多户人家离去后留下的空白，还真是值得长期跟踪和观察的题材，相信是一篇很有意思的文章，不过，需要我们有足够的耐心。

我们随后又去参观了山下的移民新村，那是一个令人羡慕的背靠莽莽丛林的双拼别墅区，山民们两家一幢，各自组合，他们将慢慢适应全新的生活。我记得以前上缙云山，最有吸引力的就是去山民家里搭伙，吃他们刚采摘的竹笋。镇干部介绍，移民新村会有系列的旅游小镇开发规划，说不定会有以竹笋为特色的山珍馆。那时，再要吃竹笋，可能就非常方便，当然，也可能没有当初那种山野氛围了。

三

东坡陡峭，最有代表性的是微波站上行不远处的舍身崖，置身于万丈悬崖之上，北碚的部分城区像浓缩的地图尽在眼底，上面浮云阵阵。

每次走过舍身崖，都会中断观察工作，在那里远眺一会儿。在万山之巅，想象下面的都市生活，别有一种滋味。我们在密密麻麻的建筑群的小格子里，有时麻木，有时忘情，有时挣扎，有时奋斗，眼前似乎就是一切，就是全部世界。但当我们能抽身而出，来到这距离不过10公里的山上，那些小格子不过是模糊的斑点，我们能看到包围着小格子们的高山峡谷、万丈蓝天。

这或许是徒步缙云山的另一种收获？它准备了舍身崖，不是让你舍身，而是让你变得更辽阔。

从微波站出发，经舍身崖，往缙云后山去的山道，是我们徒步此山多年后的选择，称得上是自然观察爱好者的必走线路。

这条线路，我第一次走是2000年10月，9点30分从微波站出发，经舍身崖、阳龙山、铧头嘴下山，绕过猴子沟，再经龙家垭口，下午5点到达璧山八塘镇附近的公路边。全程12公里左右，穿越针叶林、阔叶林、竹林等完全不同的林地，再穿过野生灌木与果园、农地混杂的过渡区，海拔落差400多米。

◆ 侧异腹胡蜂

◆ 螽斯若虫

这是一次印象深刻的徒步，丰富的物种、变化万千的森林景观给我带来的喜悦，远远超过了远足的辛苦。从某种程度上来说，正是几次类似的徒步带来的精神享受，让我开始了20多年的丛林徒步生活。

我和伙伴们，多次走这条线路，由于不再以穿越为目的，更看重沿途的物种观察，我们一次徒步的往返行程，很少超过5公里，特别是明星物种频现的时候，我们可能在几百米的距离，就会用掉半天时间。

我印象最深的是和蜘蛛分类学家张志升在5月的一次徒步。

和不同领域的动植物分类学家一起野外考察，总能解锁一个全新的世界，即使是在你非常熟悉的区域。那次，和张志升一起漫步在缙云山，就是这个感觉。

我们刚下车，没走几步，他就蹲在路边不动了。我站在他的身后，低头看了又看，啥也没看见。

"这应该是个好东西，暗蛛科的。"张志升淡定地说，听不到任何兴奋。顺着他手指的方向，我在青苔的缝隙里，发现了一只个头很小的蜘蛛，躲在破渔网似的蛛丝下面。

"这是雄性的。"他补充说道。

◆ 朱氏胎拉蛛

“蜘蛛怎么分辨雌雄？”我好奇地问。

“简单，雄性有一对交配器！”张志升笑着说。

我再次低头，果然看见这只蜘蛛的头部有一对拳击手套似的交配器。蜘蛛的交配和其他动物区别很大，雄性会先把精子抽取到交配器中，然后寻找合适的机会，冒着生命危险冲向雌性。我后来多次观察到这个奇特的瞬间，雄性不像是举着拳击手套，而像是举着体外除颤器的医生勇敢地冲向急需救助的心脏病人。

把他挽留在路边的蜘蛛，是暗蛛科胎拉蛛属的朱氏胎拉蛛，模式产地正是缙云山。

“这破网能抓到猎物？”我伸出手指轻轻地触了一下蛛网，那网立即就黏住手指，并随着我收回手指的动作扯起来一大团，黏性居然这么强，我吃了一惊。

随后，我跟着张志升又观察了十几种蜘蛛。有些蜘蛛，如果不是他讲解，根本就发现不了。

在潮湿的坡地上，有一些不显眼的圆圈，仔细看就会发现，这些和周边泥土同色的圆圈其实是盖子，下面竟然是蜘蛛的巢穴。

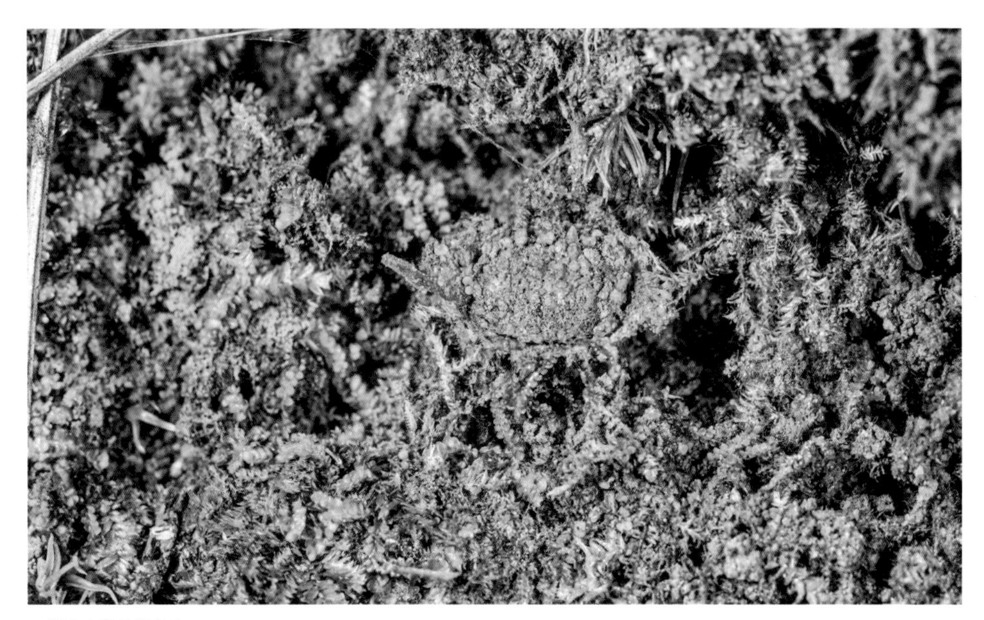

◆ 缙云山宋蛛的巢穴

◆ 缙云山宋蛛

◆ 缙云山宋蛛，就躲在盖子下面

张志升用一根小棍，非常小心地把盖子掀开，果然，一个暴躁的家伙扑了出来，可能发现目标实在太过庞大，立即又缩了回去，那敏捷的回缩，不亚于寄居蟹回到贝壳里的娴熟。

不等它回缩结束，张志升的镊子同样敏捷地追了进去，一只肥胖的黑色蜘蛛被掏了出来。

“咦——这一种还没见过呢。”他脸上有一种很谨慎的欢喜。

就这样，我目睹了一个新物种发现的最初现场。这种蜘蛛后来得名缙云山宋蛛，已被相关研究人员确定为新种。

我们继续往舍身崖方向走，那一天，缙云山把这条步道慷慨地变成了无边际的昆虫博物馆，我完全无法跟着张志升去观察蜘蛛了。

就在一处灌木杂草混杂区域，不到两平方米的地方，我先后发现了假装成甲虫的蝇类——甲蝇，以及真正的甲虫——长角象和露尾甲。这三个物种都有着奇特的身体结构：甲蝇延长的前胸背板好似甲虫的鞘翅，长角象有着比一般象甲长出很多的触角，露尾甲的鞘翅简直就像人类的马甲，它腹部的末端因此尴尬地露了出来。

过了一会儿，我在树干上发现了一只非常鲜艳的郭公虫，立即兴奋地拍了起来。远处，传来了张志升的喊声，听上去，不像他平时的淡定。

我过去一看，在他身边，灌木上立着一只气质非凡的甲虫，它头顶一对鹿角，夸张的长足正高高地向天空举起，仿佛在祈祷。

这不是黄粉鹿角花金龟吗？我们多次在缙云山发现这种甲虫，但都是死后掉在地上的，见到活的还真是第一次。

◆ 甲蝇

◆ 长角象

◆ 露尾甲

◆ 郭公虫

◆ 黄粉鹿角花金龟

◆ 黄粉鹿角花金龟，在 5 月 20 日这天交配

我顾不上说话，蹲下身子就开始拍。

“不止一只，很多。”张志升在旁边笑着说。

拍完一组，我抬头环顾四周，这才惊呆了，原来不是一只，而是数十只，它们占据了附近灌木的高处，多数安静不动，少数却急躁地爬来爬去。

再仔细看，原来安静不动的，是一些正在交配的，雌性紧紧抓住灌木，只把前足举起，雄性则在它的背上炫耀般地同步展开了长长的前足。

这姿势很熟悉啊，这不正是电影《泰坦尼克号》里杰克和露丝在船头上所做的飞翔动作吗？

“今天是什么日子啊？”我突然问道。

“5 月 20 日。”张志升答道。

它们还真会选日子！

我们离开步道，走进附近的竹林，发现整个竹林上空，有着更多的黄粉鹿角花金龟。张志升抬脚踹了其中一根竹子，立即下了一场甲虫雨，数十只金龟子从天上摔落，多数在空中即飞起，少数反应慢的，直接笨重地落进草丛，场面极为壮观。

◆ 宽带鹿角花金龟

◆ 白斑妩灰蝶

◆ 连纹黛眼蝶

◆ 稻眉眼蝶

“元胜，你来看，这一只是不是搞错了对象？下面的好像是别的种类。”张志升指着一只鹿角花金龟说。

我凑过去一看，乐了。原来，不只是下面那只是别的种类，上面那只也是——一对宽带鹿角花金龟混入了集体婚礼的现场，下面的雌性全身黑色，没有鹿角，看上去像甲虫。

两种鹿角花金龟，都选择了在这个好日子完成交配。同一天，在附近我还拍到了一对白斑妩灰蝶的交配画面。

秋天的时候，我重走这条步道，这一带早已不复有 5 月的盛大场面。

◆ 广东肥角锹甲雌雄同框

◆ 广东肥角锹甲

◆ 广东肥角锹甲侧面

整整一天，我都在追踪蝴蝶，因为没有别的昆虫可拍。蝴蝶还不少，只是很难接近，秋天的蝴蝶好像警惕性格外高。最终，我拍到其中的连纹黛眼蝶和稻眉眼蝶，前者我还是第一次在野外见到。

野外考察的经验之一，是实在找不到拍摄目标时，可以搬石头、撬朽木。那天，除了拍摄蝴蝶，我们就在闷头干这个。

在一棵树的树皮下，我们发现了一对广东肥角锹甲，这是在重庆不容易见到的种类。当缙云山吝啬起来的时候，我们若不这样讨债似的坚持敲敲打打，它是断不肯献上任何宝贝的。

四姑娘山寻花记

一

我们在一幢小楼里看登山爱好者的照片。

其实小楼外面更有意思，从野外收集来的石板，歪歪斜斜，平铺出一个很有荒野味的庭院来。阴天，室内室外区别不大。我走到室外坐了一阵，看了会儿天，全是连成一片的白云，没有一点缝隙。远处的山，也有一半是白的，分不清楚是雪还是云。雪就是落到人间的云，经历完融化、

◆ 翻过巴朗山，离四姑娘山就近了

◆ 大白杜鹃

◆ 东方草莓

流淌、陷于淤泥然后重新蒸发，又回到天上还原成云，就像人的一世。所以，也不用太去区别。

5月，对海拔3200米的四姑娘山营地来说还有点早，在室外的时候，只看到了一株大白杜鹃在开花，就像举着一小团云，代表着灰暗的大地向天空上的白云致意。我对乔木的花保持着敬意，但兴趣相对有限。我更迷恋草本或者灌木的野花，可能是它们的高度，更适合我仔细欣赏。所以我叹了口气，又回到室内，加入到看照片听讲解的队伍中。

戏剧性的时刻很快就来临了，不一会儿，明晃晃的阳光瞬间倾泻而下，室外一片灿烂，我几乎是本能地快步又来到室外。出门时，我还觉得自己的冲动有点可笑，难道有阳光时，所有的野花就会提前开了？

但是，我真的看到了野花，就在距离那株大白杜鹃不远处的草坡上。那是一直隐藏于建筑阴影中的草坡，就像潜藏于灰暗大地的皱褶中，让人看不清模样。我看到一丛白花，在石头堆的缝隙里开着，阳光照亮了它们。快步走过去，看清楚了，是熟悉的草莓的花，看上去像东方草莓。原来，海拔这么高的地方，草莓属的物种仍然是5月开花，和低

◆ 赤芍

海拔的同族们保持着同步。

拍完草莓花，我抬起头来，只见不远处几朵紫花，在风中摇晃着，定睛一看，草本，羽状裂叶，这不是赤芍吗？赤芍又叫川芍药，和园林里经常看到的芍药比起来，川芍药和它的几个变种更野气更蓬勃。虽然紫花已出现，但还没有到它们大规模开花的时候。再过两周，它们就能在林下形成花海了。

距离这一簇川芍药不远处，有一朵莲花状的花，引起了我的注意，看上去，它有点像风吹落的花朵，身边无枝无叶，就那么孤零零的一朵。但是在它四周还有更多的粉红莲花，有的被举起，还有掌叶相伴。“桃儿七！”我脱口而出。没想到这个不引人注意的坡上，竟有着十几朵桃儿七开放。

桃儿七是高海拔地区小仙女一样的存在，它们依赖自己的根茎，先开花，后长叶，在四周还一片委顿的时候，独自娇艳开放，照亮了四周的

◆ 桃儿七

◆ 桃儿七

苔藓和地衣。高海拔地区的物种，常常具有另外一套生存逻辑，也因此更为惊艳。我每次看到桃儿七，都会有一种惊喜，仿佛与某位世外仙人意外相逢。作为濒危物种，桃儿七的种子发芽率不高，已被列入国家二级保护物种。但在这里，它们的笑脸几乎连成了片，展现出强大的生存能力。其实，只要保护好它们的环境，这些世外仙子的存续是没问题的。

◆ 在四姑娘山

正当我趴在地上，永不厌倦地拍摄桃儿七的时候，我参加的《小说选刊》采风团同伴的声音响起，我们的旅游中巴要去往下一个观光点了。

下一个观光点，仍然是室内建筑。下车后，就没打算进去，非常淡定地从人群里悄悄退出，直奔另一处更大的山坡。我心里已经非常清楚，5月的四姑娘山，早春的野花已经次第开放，任何一处保留着原始生态的地方，都会有意想不到的花朵在等着我。那么，我去那些建筑里干什么？

这个山坡没有建筑或者丛林的掩护，完全裸露在风里，刚开始，我没有发现什么，便继续往靠近树林的位置走，但是脚步很沉重，每往上走一步都十分吃力。毕竟是来到四姑娘山的第一天，高原反应还是很明显的。我不敢托大，调匀呼吸，不慌不忙慢慢往上挪动脚步，如果第一天超负荷奔走，晚上可能就会很难受了。我曾经在若尔盖草原吃过大亏，白天在草原上撒野狂奔，结果晚上胸闷气短，时时惊醒，一整夜不能安眠，那个滋味记忆犹新。

在几乎看不到绿色的泥石地上，我还是发现一种极小的野花——鳞叶龙胆。鳞叶龙胆，才是高海拔地区的报春使者，四五月就四处可见。事实上，同行们在更早的2月就拍到过它们的花朵。冰雪尚未消融时，它们

◆ 鳞叶龙胆

◆ 鳞叶龙胆　　◆ 鳞叶龙胆

就从大地母亲的衣襟里，悄悄伸出头来，慢慢把笑脸举向空中。为了适应寒冷的季节，叶片已经进化成小小鳞片形，不展开，只是紧紧地贴着粗壮的茎。这样的茎更像是有鳞的胳膊，四处展开，有如群龙昂首，把带点紫的蓝色筒花无畏地举起。它们的身体结构，已经是为早春的先行所准备的，这个准备过程足足有数万年那样漫长。

仔细观察，几处鳞叶龙胆的花还略有区别，有一组萼筒的条纹往上发散成紫色斑点，很迷人，是我从未见过的。

“李老师，走，看杜鹃花去。”这时，远远传来一位姑娘的喊声。

抬起头来，看见山坡下面，几个人正匆匆往双桥沟的沟口方向走。我

◆ 树丛里的亮叶杜鹃

迅速认出了，领头的正是老友阿来。此时蓝天白云，远处的杜鹃则是浅色的红云，他们正往几团红云的方向走去。

四姑娘山是藏区的自然神山，而阿来则是一座人文的神山，构成这座神山的南坡是以长篇小说《尘埃落定》为代表的文学高地，北坡则是他对横断山脉野花的20多年倾心考察和表达，同样气象万千。此时，神山藏起光芒，我看到的只是一个壮实的普通汉子，提着相机，正兴冲冲地往沟口的杜鹃花云靠近。

我赶紧站起来，想追上他们的队伍。

才走两步，脚下差点踩到一朵野花，慌乱中我移开脚步，身体几乎失去平衡。反正是松软的泥地，我也不挣扎，顺势慢慢坐在地上。在这过程中，我的目光始终没有离开那一朵神奇的野花。这是一朵银莲花，我在这个山坡上已经见过几朵白色的，本想等拍好鳞叶龙胆后再来研究，但这一朵很奇特，少了一个花瓣，这不是重点，重点是它的花瓣基部为白色而其他部分是深蓝色，泾渭分明，十分显眼。

我放弃了追上阿来去看杜鹃花的念头，呆呆地看着它，它超出了我观察银莲花的经验。我忙碌地开始搜索这种银莲花，一朵、两朵、三朵……我找到了很多很多。这种银莲花还真是色彩大师，就蓝色、白色两个颜色，经它调配后，出现了极为丰富的变化。我还发现，即使全白的花瓣，蓝色也不会缺席，它们躲在花瓣的背面，假装是白色的阴影部分。

后来我才知道，迷住我的是钝裂银莲花。

我在那一带原地转圈，一圈一圈地搜索，然后不断地蹲下拍摄。可能在其他人看来，行为非常怪异。终于，一个女保安走过来，温和但又不容商量地让我立即从山坡上下来，说那里靠近隔离牛群的栅栏，时有滚石飞落，有风险。

◆ 钝裂银莲花

◆ 钝裂银莲花

◆ 钝裂银莲花

◆ 钝裂银莲花

◆ 钝裂银莲花

◆ 掌叶报春

◆ 双花堇菜

整个山坡上，并无散落的石块。我半信半疑地慢慢走下来，快到停车处时，一个清洁工笑着说："她以为你是想私自进入景区的人。"可能这才是正解，我的举止，确实值得怀疑。

入住酒店后，距离吃饭还有一个半小时，我背上摄影包，从酒店的一侧进入了树林。毕竟是雨季，我担心后面的时间连续下雨，再无机会拍花，反正常年在山野行走，体能还行，所以一点也不想浪费时间。

十分钟后，我就进入了陡坡上的树林。夕阳的余晖照着树林的顶部，下面是半透明的灰色。我像在一块巨大的毛玻璃里行走，头顶上的光线斑驳地落下来，但又被浓密的树枝切成丝状，飘浮在我身边。

就在这样不稳定的忽明忽暗中，我远远地看见一簇簇报春花，在树丛下面闪耀着，仿佛是一团幽暗的红光。靠近仔细观察，它们的花和报春花并无二致，叶子却有很大区别。这还是不是报春花呢？我陷入了一个植物初学者常有的困惑中。第二天，请教阿来，原来它就是大名鼎鼎的掌叶报春。确实，叶子像绿色的手掌，一层层铺满了地面。

二

第二天，和阿来上了同一辆车，我趁机掏出手机，向他请教前一天拍的植物。阿来简直是川西野花的肉身数据库，看一眼就知道是啥，连停顿都没有，比回家翻书强太多了。一口气帮我认了十多种，他突然停顿了一下，懊恼地说："你还没给鉴定费，我给你说这么多干啥。"

说笑中，采风团的车往双桥沟开，一路如在画里，我本来想闭目养神，把体力留给一路上的野花，但哪里闭得上：实在太美了，蓝天、雪山、溪流组成了连续不断的竖轴山水画，来过几次双桥沟，每一次都看得目不转睛，只恨车速太快，虽然，车已经开得很慢了。

我们停留的第一站是阿来书屋。书屋在负一楼，楼上是个观景的大平台，平台边有几棵沙棘古树。我看了一阵，还是没忍住，拔腿就往溪沟边走。

◆ 阿来书屋旁边的古树

有小道通向溪流

大家要在书屋里做活动，不知要做多久，而我只想多看看这一带的环境和植物。溪对岸就是野山，一想到可能有我从未见过的物种隐藏在那些起伏的微茫中，就激动到颤栗，有如入魔般不可救药。

刚走到对岸，我就注意到被树丛围合的一低洼处有星星点点的蓝色。对我来说，蓝色的花，不管形态如何，总是比别的颜色的花耐看。看上去像斑种草，又似乎花朵更大点，犹豫了一下，还是拨开前面扎手的树枝，挤了进去。等我看清楚，不由一惊，这不是我在甘南的迭部县见过的微孔草吗？微孔草属已知 22 个种类，绝大多数我国特有，同时是非常珍贵的野生油源植物。可能因为海拔高达 3200 多米，不像在甘南那样高大且风姿绰约，身份特殊，还是值得好好记录。作了决定，我才发现拍摄它们很难，在长满刺的树枝丛中，几乎蹲不下去。再难也还得进行，我侧着身子寻到空当，慢慢蹲下去，这个过程中，有刺扎进了我的腿部。我咬着牙，继续往下，勉强拍到几张照片，才小心地退出。

我正在清理裤子上的小刺，眼睛的余光里，看见一个熟悉的身影，原来阿来不知道什么时候也溜过来了，看样子，旷野也比书屋更吸引他。

◆ 微孔草

◆ 黄三七

◆ 金花小檗

此处颜值高的野花，还得数桃儿七，我们拍了几张，回到栈道上，继续向前。路过一片树林时，远远看到几点白光，刚开始以为是东方草莓或者银莲花，又觉得和它们都有明显的色差，赶紧离开栈道，走进了树林。

“黄三七！”阿来在我身后说。原来，这种先开花后长叶、花蕊非常抢眼的植物就是黄三七，独占黄三七属的孤独物种。我先用手机拍了几张，然后换成微单。在幽暗的树林里，黄三七白色的花总是过曝，我一直减了三档，周围都暗了下来，只有花朵们像灯盏一样露出真容。

接下来的明星物种是金花小檗，这是它们颜值最高的时候，新叶刚出，仿佛雕刀刻就的金色花朵柔中带刚，含笑怒放。

◆ 和阿来一起拍摄黄三七

然后，我们回到栈道，继续行走，远处是雪山，身边是湖水，周遭宛如仙境。奇迹是这样发生的——走在我旁边的阿来，突然指着远处的山坡对我说：“那不就是你想拍的全缘叶绿绒蒿？……”

早晨出发时，我还问过阿来，双桥沟这个季节是否有全缘叶绿

◆ 全缘叶绿绒蒿

◆ 全缘叶绿绒蒿

绒蒿。阿来想了一下，没有回答，看来不太肯定。

我顺着他手指的方向，果然看见一团团耀眼的黄色花朵，令人难以置信地微微晃动着。虽然知道是海拔3600米左右，知道上坡的时候特别要注意不能太快，我还是忍不住小跑了起来。

“不要跑，下面也有。”阿来在后面喊。顾不上回应他了，我其实看到了下面岩石边的一簇，但上面那一大片花朵更吸引人。

我终于跑到了50米外的坡上，一边大口喘气，一边观察，全缘叶绿绒蒿实在太迷人了，薄如蝉翼的花瓣上，有着极纤细的肌理，可容光线轻易穿过。在一棵倒伏的树旁，我拍了几株，然后移身到花更多的地方，刚蹲下来，把镜头对准怒发的花朵，阳光突然把我包围，全缘叶绿绒蒿花朵逆光开放，耀眼的黄色立即分出了层次，仿佛有一个金黄的旋涡在花朵的中心旋转起来。我一口气拍了几十张，才满意地一屁股坐下来，慢慢

◆ 拍摄全缘叶绿绒蒿工作照

◆ 全缘叶绿绒蒿

观赏身边这奇异的生命。

突然想到有人问过我，为什么在风那么大的山顶，全缘叶绿绒蒿还要选择开这么大的花朵？如此进化的逻辑是什么？没有见过这个明星物种的我，当时，只是茫然地摇了摇头。

而此时此刻，坐在全缘叶绿绒蒿的中央，答案是如此简单：几乎每一朵碗大的花里，都有蜜蜂停留，勤奋地收集花粉。风吹着我的脸，也吹着所有的全缘叶绿绒蒿花朵，但是花朵在壮硕的花茎的支撑下，只微微摇晃，并无大的起伏或仰合。花瓣组成的花碗，完美地庇护着蜜蜂们，让它们可以安心工作，这样的工作当然也包含了顺便授粉。

这时，我才发现，同行的在小金县做葡萄酒庄的老杨，敏捷地跟上了我，一直在为我拍工作照。他完整地记录了我这一段幸福到飘起的时光。

我们追上了队伍。阿来决定和我穿过草地和灌木丛去午餐的地方，其他人坐车去先喝酥油茶。

我还没有完全从偶遇全缘叶绿绒蒿的兴奋中缓过来，有点晕乎乎地

◆ 幸福的时刻，周围全是全缘叶绿绒蒿

◆ 瑞香花球

◆ 雪山前的栎叶杜鹃

◆ 高原毛茛

◆ 头花杜鹃

跟着阿来高一脚低一脚，在灌木丛里穿行，走到一片草地时，阿来发现有几朵东方草莓开得很好，背景也很好，立即趴下去拍摄。趴着拍，比蹲着拍省劲多了。要经历过才知道，在高海拔地区蹲着拍摄有多么费劲，我自己的体验是，肺和心脏本来就需要超负荷地工作，而下蹲拍摄，除了它们被挤压外，按下快门的时刻还需要屏住呼吸，又进一步打乱了它们的节奏。所以能坐着拍、趴着拍，反而舒服得多。拍摄的姿势越丑，可能照片越漂亮，这个反比规律特别适合高海拔的拍摄。

◆ 阿来趴在地上拍东方草莓

简单的午餐后，我们继续前进，海拔越来越高，我们的前面出现了瑞香形成的花球，远处有栎叶杜鹃怒放，我们走到折返点时，海拔已经上了3700米。

返程的时候，我和大家走散了，好在我习惯一个人工作，一边走一边拍，又记录到一些植物，值得一提的是头花杜鹃和高原毛茛，前者是一种精致的杜鹃，花朵紫色，非常适合发展为园艺植物，后者分布在水洼或潮湿草地，如果给它们机会，应该能连成黄色的花毯吧。

三

长坪沟长20多公里，是由雪山、溪流和植物组成的美丽画廊。这里没有车道，全程徒步，这对我来说是一个惊喜。我总觉得在乘车过程中，会错过很多有意思的物种。

我们的折返点距沟口7公里，全程14公里左右。以我的经验，这样的距离，我会轻松走出20公里来，因为会不断地离开步道上坡下沟，如果遇到蝴蝶，还会在那里来回追逐拍摄。所以我精简了器材，背着比较轻的双肩包开始了一天的徒步。我的估计是对的，后来我的手环记录是24公里。

在沟口，就看见路边比人高的枝条上，都缠绕着某种藤蔓，似乎还有花蕾，可惜都太高。我东张西望，终于找到一处相对矮的地方，伸手把枝条慢慢拉下来，不由眼前一亮：这根藤上有朵花已悄然开放，一眼便知是铁线莲。再仔细看，萼片4个，原来是铁线莲属的绣球藤。真喜欢看绣球藤花初放的样子，萼片还没全部打开，花蕊像一组小喷泉，一切仿佛在说：时间到了，一切美好的事物正在来临，恰如我们当初的少年时。

◆ 绣球藤

等我拍完绣球藤，同行的人们已不见了踪影。那我就更不着急了，整理了一下器材，喝了口水，慢慢往里走。这是一个漫长的下坡，栈道两边三三两两地开满了野花，有我前两天拍过的掌叶报春、钝裂银莲花、桃儿七等，都拍过了，毕竟，还不是四姑娘山的花季。

◆ 桃儿七

走了几百米，左边的坡上，发现了一些黄色的花，紧贴着地面。忽然想起前一日回程路上，曾看到一种黄花，似乎被马蹄踏碎，认不出模样。于是离开栈道，小心地一步一步走上陡峭的山坡。这种植物有着心形的叶，很厚、肉质，有黄色萼片 5 个，看着熟悉，但想不起名字了。手机有信号，我调出“形色”扫了一下，判断是驴蹄草，没错，是它了。各种识花软件，真是恢复记忆的好帮手。驴蹄草全株有毒，但俯身拍拍，还是很安全的。

◆ 驴蹄草

◆ 黄堇及其生境

◆ 蔓孩儿参

◆ 蔓孩儿参，长在倒伏的树干上

这时，大家已经发现我掉队了，派了个工作人员来带我前行。她很有耐心，见我停下来观察植物，也不催，只安静地站在一边。

于是，在她的注视下，我又拍到了黄堇和蔓孩儿参，这两种植物我都在别的地方看到过，但总觉得四姑娘山的它们，更好看，更有仙气。然后想起昨天初遇全缘叶绿绒蒿的兴奋，其实还有一个因素，是双桥沟给它们提供了丰富而干净的背景：长满苔藓的树和岩石，起伏的山脉和溪流，甚至，还有更远的雪山和蓝天。在这样的环境里，它们一尘不染又充满生机，当然要比出现在其他地方更好看。

黄堇

◆ 西南樱桃

路上有很多野樱花，看一朵有点单薄，但是看一树还是挺美的。我拍了几张，觉得有点像崖樱桃，查了一下，崖樱桃生长的海拔多在1200米以下，这就有点不对了。后来请教了长期在距此地不远的卧龙自然保护区的林红强兄，他对这个区域的植物很熟，说应该是西南樱桃。毕竟还没有果，少一个查对的材料，暂且当它是西南樱桃吧。说到果，我尝过的野樱桃太多了，没有一种不是酸涩难当，但解渴效果都很好。

正推敲着这个事，有一种更酸涩的野果闯进了视线——茶藨子。我运气实在不错，碰到了茶藨子开花，我开心地换上105毫米微距头，因为它们的花实在太小了，差不多芝麻大小。但在微距镜头里，它们钟形的花筒相当壮实有力，花序圆锥形，像一座座紫红色的塔悬浮在空气中。如果说野樱桃酸涩难当，那茶藨子的酸，简直就是致命的酸。只需一粒，干渴已久的喉部就会重获滋润，但你必须经历那致命的酸带来的全身一哆嗦。

◆ 茶藨子

又走了一段，我终于追上了团队，但与

他们同行的路程并不长，我很快又掉队了。然后，我又在下一段追上他们。如此反复几次，我们就到达了7公里的折返处。

我们沿着溪水走了一段，然后在树林围合的草地上坐了下来，阳光强烈，我就把脑袋缩进卫衣的帽子里，眯着眼睛，很舒服地喝酥油茶。这个舒服有好几层意思，首先是雪山、草地的无边空旷，是喝茶的最好环境；其次是一起喝茶的同行者，都是《小说选刊》杂志社邀约来的各地名家，比如写《历史的天空》的徐贵祥、写《悬崖之上》的全勇先，和我一样痴迷普洱茶但更比我专业的批评家谢有顺……别说聊天，看着他们我都觉得是享受；最后，也是非常重要的，是小金县的酥油茶，是最合我胃口的！各地酥油茶大致相当，但茶料和比例区别太大了，多数我喝起来还是略腥，只有小金县的我可以一碗接一碗不停地喝。

简餐之后，我毫无悬念地又掉队了。快到折返点时，我就相中了一个观赏植物妙不可言的地方：那里有几块岩石，几根倒卧的巨木，积累多年，它们的上面像桌子，或者说像被举到空中的桌上花园。和趴在草丛中寻找野花比起来，观赏它们就太休闲了，完全是享受。

这样的桌面主要由特别小的苔藓和小野花组成，仿佛小人国的花园。我这个大人国的头，就这样毫不客气地伸进了小人国的一个又一个花园，眼皮下，整个园子一览无余。

我发现的第一种袖珍野花是日本金腰，它们细小的绿色花朵相当耐看。花谢后，花朵就魔术般地变成了小果盘，装满碎珠子。另外一个小花

◆ 日本金腰

◆ 五福花

◆ 长坪沟

园里，我找到一种黄绿色的小野花五福花，和日本金腰比起来，它更是小人国的物种。这一株是五朵小花组成的头状花序，被细细的茎斜斜地举到空中，很骄傲的样子。

◆ 密序山萮菜

正拍得起劲，景区的资深摄影师黄继舟碰到了我，他担心我的安全，便和我一起慢慢往回走。走了一段路，突然看到栏杆外一低洼处，有一茎白花很不显眼地立着，走过去俯身一看，十字花科种类，从未见过。不用想了，我翻身出了栏杆，直接靠了过去，继舟兄也随即跟我下来。后来确认它是山萮菜属的密序山萮菜，高海拔地区的植物，并不多见。

这一天，我发现的最后一种有趣的植物是茄参，茄参花色多变，其中紫色、黑色的最有观赏性。我们遭遇的这株是很容易错过的，它的绿色

◆ 密序山萮菜

◆ 茄参

钟形花朵很好地隐藏在叶子里，我指给继舟兄看，他都看了一阵才发现。拍摄也不容易，它长在一个基础松动的泥土坡上，拍着拍着我人就滑下来了，只好上去再拍。

长坪沟的步道很完美了，但也还保留着一条马道。我们在马道与步道的交会处停留了一阵，因为我看到几只粉蝶在那一带徘徊，高海拔地带有着很多独特的粉蝶，我换上105毫米微距头，想碰碰运气。但它们很警觉，几乎不停。我没有更多的时间了，只好叹了口气，放弃了。

我们走出长坪沟的时候，继舟兄说现在寻花还早了点，6月中旬就可以看到花海了。现在都这么美了，真不敢想象那时的景象啊！

◆ 长坪沟

四

刚回到重庆，我就开始筹措6月中旬的四姑娘山之旅。作为一个蝴蝶爱好者，在寻花的时候，顺便拍到一些没见过的蝴蝶，岂不是锦上添花？于是，我说服了成都的蝴蝶高手姚著同行，他是我见过的最善于发现并用相机捕捉影像的蝴蝶猎人。几天后，他又说服了对巴朗山及四姑娘山一带特别熟悉的王超。

6月15日凌晨，我们一行四人的车轻悄地开出成都，朝四姑娘山进发。

10点40分，我们到达巴朗山隧道口前不远处。此时阳光灿烂，王超停车后侧身对我们说："可以先看看野花了。"下车后，我看了下海拔，3300米，确实已经进入了高山野花的区域。

毕竟是到高海拔地带的第一天，上坡我们尽量缓慢地移动脚步，以保存体力，避免高山反应。这个山坡已经是一片花海，它的底色是由几种黄花构成的黄色，其中的主力是驴蹄草。

没走几步，就发现让我一阵兴奋的野花：金脉鸢尾。它的花呈美丽

◆ 驴蹄草构成了花海的底色

◆ 金脉鸢尾

◆ 红花绿绒蒿

◆ 红花绿绒蒿

的深紫色，更精彩的是，外花被上布满网状的金色条纹，图案有如金线绣就，非常耐看。

我们继续驱车上行，再下车时，海拔已是4000米以上。王超停车的地方，正是一个陡峭的小型流石滩下口处，流石滩被盘山公路数次截断，贯穿它的溪流却保持着流淌。

“李老师，看！那个方向，有红花绿绒蒿。”王超指着我们头顶左上方的一堆岩石说。那堆岩石上，有一团火苗飘浮着，特别像灯盏，还有一根弯曲的灯竿把火苗挑到空中。

我尽量平复心情，不敢太兴奋，慢慢往坡上爬，一步一喘气，花了比平时多两倍的时间才来到红花绿绒蒿面前。近了，它就不再是跳动的火苗了，只是绸面质感的折纸，上面还带着三角形的神秘折痕，像红色的纸艺作品。我在后来发现的所有红花绿绒蒿的花朵上，都发现类似的折痕。所有的花朵甚至蝴蝶、蜻蜓的翅膀，原始状态都是折叠着的，或者像卷好的画卷，但当它们展开在阳光下时，却不带有任何折痕。红花

◆ 独花报春

◆ 独花报春

绿绒蒿真是一个奇特的例外，我在想，这是不是和这种植物生长 6 年才能开花有关，6 年，折叠的时间实在太长太长啦。

就在溪水边，还有颜值很高的独花报春，它粗壮的茎干上，只有一朵深紫蓝色的花，好在很多茎干挤在一起，也能凑出一堆花来。

拍这两种花的同时，我还拍了不少以前见过的高山野花，比如初开的大卫氏马先蒿等。因为下午要进双桥沟，我们没敢继续搜索别的野花就匆匆离开了。

车开出巴朗山隧道时，已进入四姑娘山自然保护区的区域，山的这一侧和那一侧竟然完全不同，我们的头上由云蒸雾绕瞬间换成了蓝天白云、烈日高悬。老姚判断这一带应该有蝴蝶，我们同意短暂停留，分开各自寻找，以提高效率。

◆ 大卫氏马先蒿初开

◆ 大卫粉蝶

◆ 维纳粉蝶

姚著身体状态真好，下车就匆匆朝着公路对面而去，那里的山坡有一条溪流，应该是蝴蝶爱逗留的地方。我选了一个相反的方向，这里是一个平整出来的大平坝，雨后，分布着几摊积水，我觉得蝴蝶会非常喜欢这样的潮湿泥地的，就径直朝着第一个小水洼走去。果然，第一个小水洼就有几只粉蝶起起落落。我随手拍了一张，放大一看，一阵惊喜——是我没见过的蝴蝶。看着蝴蝶有些惊慌地散开了，我干脆退后几步，先吃干粮，等着它们回来。

这时，老姚和其他人都围过来了，我们的判断差不多，是绢粉蝶，颜色上略

◆ 公路边的蝶群

有差异，他觉得可能是雌雄之分。雨后的蝴蝶，还是比较饥渴的，被我们打扰后，它们换了一处水洼，又开始大吃大喝起来。我们都顺利地记录到它们的影像。后来请教了陕西的蝴蝶高手孙文浩，才知道我们拍到的是两种粉蝶，维纳粉蝶和大卫粉蝶，都是很难见到的种类。

◆ 贝娜绢粉蝶

车继续往前开，突然，透过车窗，我猛然看到一群蝴蝶飞起一团，连叫停车。这是一个沟口，溪水从桥下穿过公路，路边有宽敞的空地，常有车在此停留，地上有重叠的车辙。而就在车辙上，几十只蝴蝶起起落落，好不闹热。在这蝴蝶的集会上，我终于拍到了绢粉蝶：贝娜绢粉蝶，和粉蝶属的比起来，绢粉蝶就是要清秀得多。

下午 3 点，和黄继舟会合后，我们换乘了保护区的车，沿着双桥沟的溪水一路上行，车在沟尾停住，已是海拔 4000 多米以上。为什么一路不停，直奔此处？继舟只是笑笑，并不解释。

我们很快就走进被封锁的奔道，残损的栈道上满是石块，看来是经历过一次山洪。前面，汹涌的溪流拦住了我们的去路，本该有的桥早已无影无踪。继舟并不意外，他举起一根只有巴掌宽的木板，比画了一下，直接扔到溪流上，再搬来石头将它固定，这就是桥了。没有任何停留和犹豫，他直接从摇摇晃晃的独木桥上走了过去。我们也只好硬着头皮，尽量不看滔滔溪水，一个接一个地走到了对岸。我的鞋在过桥时打湿了，因为有一股水花一直冲到桥上，为了安全，我保持均匀而稳定的步伐通过，不敢刻意去避开它。

我们很快就明白，为什么黄继舟要这么不怕麻烦地带我们来这里了，我们的眼前出现了一幅奇异的幻想画：在陡峭的山坡上，四处摆放着紫色的鞋子，不对，不是摆，它们漂浮着，又像是停在绿色的叶子上，每一只鞋子都长着一对同样紫色的翅膀。

◆ 西藏杓兰

◆ 西藏洼瓣花

西藏杓兰！这可是青藏高原及横断山区的明星野花，说它是万人迷一点也不为过。

我们来不及交流各自的惊喜，就迅速散开在山坡上拍了起来。我可能是最后开始拍的，因为想让气场宏大的雪山成为背景，而初开的它们，相当矮小，几乎都很难从草丛里探出头来。我找到了一株相对高的，坐下来，还是没有拍。我要先清理完它们周围干枯的杂草，枯草会在照片里成为显眼的杂乱线条，干扰我们对目标的欣赏。做完准备工作后，我已经气喘吁吁，又调匀了呼吸，才开始拍摄。

等我拍到相对满意的照片，抬起头来，才发现伙伴们都不在了，他们爬到了山坡之上，有的继续拍西藏杓兰，有的在寻找蝴蝶。

我独自往坡下走，我想到栈道的另一边，那边是悬崖，想拍摄悬崖边的西藏杓兰，背景也一定很迷人。西藏杓兰没找到，却在悬崖边的石缝里，找到了几朵非常飘逸地垂下来的黄花，看着面熟，想了一阵才反应过来，我在网上见过，它是西藏洼瓣花，也是难得一见的野花。

就在岩石边，还有一种忍冬科的植物正在开花，我觉得像裤裆果，还在推敲的时候，远处传来了姚著的喊声："李老师，快，换镜头。"他知道我拍花用的是35毫米微距头，拍蝴蝶偏好用105毫米微距头。我想都没想，迅速回到背包处，最快时间内换好镜头就朝他走去。

◆ 西藏杓兰

◆ 皮氏尖襟粉蝶

顺着他手指的地方，我看见一只娇小的粉蝶正飘向一丛灌木，白色身影在树叶的阴影中。

“落了！”姚著高兴地说。

我尽量轻手轻脚地靠近那丛灌木，果然见一只翅膀上绣着黄绿花纹的粉蝶，竖着翅膀，立于细枝的尽头，前翅隐约有橘黄色的斑纹，并且顶角尖尖的。镜头里，它的后翅宛如美玉，这只襟粉蝶太美了！我在心里赞叹了一声，迅速按下了快门。然后，进一步接近，再拍一组。这是一只皮氏尖襟粉蝶，春季才有的蝴蝶，一年只有一季，四姑娘山也只在6月前后出现。

几分钟后才从山坡上急急下来的王超，错过了时机，这只襟粉蝶自此飘飘荡荡，就在我们周围飞来飞去，却不再停留。

但王超下来得也很有价值，就在我们眼皮下，他发现了一株尖被百合。我对野生百合一直非常喜欢，所以开心得要死。这株尖被百合花朵尚未完全打开，这是它最美的时候——像一个精致的鸟笼，里面还露出

◆ 尖被百合

◆ 薄叶鸢尾

眼珠似的黑点，仿佛只要一打开，就会有神物展翅昂首上天，永不反顾。

又有粉蝶落到了山坡之上，王超拔腿就往上走，我想了想，停住了脚步，感觉脚步格外沉重。我有点奇怪，到高海拔的第一天，我一直保持着缓慢地行走啊，为什么还会有这么明显的高山反应？仔细想了想，从到巴朗山开始，这一天偶遇的明星物种实在太多了，我可以控制脚步尽量缓慢，却不能控制自己的连续高度兴奋，我这是心情超载啊。

回到酒店后，我胃口全无，来不及冲洗就倒床而睡，一个多小时后才满血复活，回到已经有点担心的同伴中，一起享用当天的晚餐。

五

第二天一早，我们继续进双桥沟，前一天直接去的沟尾，所以这一天的计划是以服务中心为出发点，步行向上，到双桥沟的中段扫描野花。

刚下车，就在服务中心一处建筑的屋檐下看到了一株正在开花的耧斗菜，熟悉的紫色花瓣和萼片，初步判断是华北耧斗菜。华北耧斗菜又名紫霞耧斗，后面这个名字似乎更为传神。

我们走进树林的时候，天上飘浮着薄云，一个多月后重新来到这一带，感觉已是两个完全不同的地方。那时地面上主要是苔藓，草丛星星

◆ 华北耧斗菜

◆ 桃儿七

◆ 草玉梅

点点，桃儿七孤零零地在裸露的泥土上开出花来，灌木和乔木都露出金属般的质地，让人感觉到春天正在一片萧杀的树林里挣扎着醒来。而现在，树林里像打翻了颜料盒，一堆一堆的黄花、白花、紫花密集地挤在一起，喜气洋洋，肆无忌惮，春天早就窜到了树梢，像一个胜利者在某个高处屈膝而坐，回忆着一个多月来的经历。

这样的气氛，让我的脚步也变得轻快，我在山坡上信步来去，不时俯身拍摄野花，竟然没有感觉到任何不适。我拍下的照片，也带上了这种气氛，有一种笼统的喜悦，不具体，难以分析，却感染到了每朵花，让它们的结构、颜色和线条，看上去更协调、更合理、更迷人。

于是，我觉得即使拍过的花也值得一拍再拍。我重拍了桃儿七，它已不是早春野性的桃儿七了，它不需要战斗，也不需要挑衅，它更像一个阁楼上的处子，矜持、优雅，只需春光的殷勤和怜惜。我甚至连路边青、草玉梅、东方草莓、细枝绣线菊都拍了又拍，因为此时此刻，它们似乎格外好看。

我们来到上次初见全缘叶绿绒蒿那一带时，时间是10点30分，阳光露出了薄云，照着下面的湖面和牛栏。这里的钟花报春，不像在巴朗山上那

◆ 东方草莓

◆ 路边青

◆ 细枝绣线菊

◆ 钟花报春

样在草丛中勉强探出头来，它们常常能独占一堆岩石、一片山坡或一处湖畔，尽情展现优美的轮廓。再美的地方，如果没有生命来照亮，那也只是万年死寂的山水。反过来，野花们，也只有在四姑娘山，才能拥有如此辽阔的视野和疆土，可以想象，即使在午夜，对于身材高挑、花朵凌空的它们，疆土仍然无边无际，甚至能把头顶灿烂的银河也包含进去。

在阳光的照耀下，捱过冬天的蛱蝶也出来了，这里的优势蝴蝶是荨麻蛱蝶，它们的翅膀残破、颜色陈旧，但却带着一种过来者的骄傲。成功越冬后，它们就可以轻松地繁殖后代了，从湖畔到山坡，都是它们的领地。

我在观察荨麻蛱蝶的时候，王超有了新发现，在栅栏围合的一小块土地上，长满了贝母，而且还正在花期。我们也过去伸头往里面看，感觉就是本地的原生种川贝母。果然，后来我们陆续发现了开花的川贝母，证实了牧场主人圈养的就是本地种。后来，接送我们的师傅掏了一株出来，我们终于见到了新鲜的川贝母球茎，雪白，带着药香，像贝壳。

接着，我们分成两组，姚著带着两人沿栈道前行，想试试能不能拍到蝴蝶，因为不时有蝴蝶掠过我们而去，很像昨天我们拍到的皮氏尖襟粉蝶，当然，也可能有红襟粉蝶。我和继舟兄沿栈道右侧的山坡，重回树林，也肩负着一个昨晚大家热切讨论的目标：豹子花，另一个高海拔地区的明星野花。

没走几百米，我觉得老姚有点吃亏，因为我们转眼就踏入了天山报

◆ 川贝母

◆ 川贝母

• 天山报春

◆ 天山报春

春的花海，林间空地的天山报春，开成了红艳艳的花毯，看着看着，就会感觉心很软。我突然想起，有一次在一个大学分享我的野外经历，有位同学问我，在野外行走，人的内心究竟会发生什么样的变化。我当时都没思考，脱口而出："很多变化，特别重要的是，人会变得比以前好一点。"艰苦的野外行走，除了让人更有耐心、更坚韧、更自信，还会让人内心变得更柔软，因为你会见证很多奇迹般的事物、很多美好的事物。

这条路虽然美，但是难度也大很多，实际上是野地穿越，有时要穿过灌木丛（你不能走得太快，因为随时可能有淘气的灌木伸手拉住你的衣裤），有时要穿过假装成草丛的水洼，没有危险，但是淤泥会直接没收你的双鞋，40多分钟后，我们重新会合。老姚什么蝴蝶也没拍到，表情略微有点失落。

我们来到王二哥牛棚子的时候，已经快下午1点。我上次来四姑娘山，也吃过这家原住民自己开的土菜餐厅，对他们的烧馍馍和野菜印象特别深。还没走进院子，就感觉口水开始往外涌。

不过，一进院子，我和老姚的注意力立即被后面的牛圈吸引住了，这是方圆几公里的唯一牛圈，牛圈四周若有若无的牛粪味对蝴蝶来说，简直是来自天上的幽香，不可能拒绝。所以，这应该是个绝佳的蝴蝶聚集地啊。

果然，当我们探头往后院看的时候，有几只粉蝶正聚集在地上潮湿处一动不动。"还是维纳粉蝶。"老姚仔细看了一阵，说道。

我的习惯是不管什么蝶，只要换了地方，先拍再说。我让他们先吃，翻身就进了后院，把几只粉蝶逐个记录才洗手进屋。事实证明，我的习惯相当有道理，因为看起来差不多的蝴蝶，完全有可能是不同的种类。

牛圈外停的蝴蝶不是维纳粉蝶，而是杜贝粉蝶，它和前者的后翅反面都有着粗黑的翅脉，不同的是，杜贝粉蝶的外缘底色变浅，而肩部的橙黄色带略宽。就因为我的谨慎，我的此次四姑娘山之行，竟然新拍摄到四种粉蝶，这可是想都不敢想的。

幸福地享用了烧馍馍等原住民美食后，我们决定就在附近搜索，看看能不能增加动植物记录。

我沿着有溪水的路走了一圈，拍到川贝母等五六种野花。等我回到屋后时，只见老姚和王超都趴在地上，向我招手。我赶紧冲过去，知道他们的前面，必定是有蝴蝶了。

这是一只小型蛱蝶：珍蛱蝶。珍蛱蝶的主要特征是前后翅反面的外

◆ 杜贝粉蝶

◆ 珍蛱蝶

◆ 珍蛱蝶

缘有一列醒目的V形图案。我曾在云南大理的高山地区等地拍到过珍蛱蝶，但是这种蝴蝶小而机敏，停留时间很短，最多给你一个记录机会，不会让你从容拍摄。但这一只很安静，几乎不动，看其翅膀两面的新鲜程度，估计是刚羽化，又遭遇大风天气，只好待在低矮处保持不动。我非常幸福、从容地拍到了它的正反面，也第一次在镜头里就看清了它精致的鳞片和绒毛。

拍完后，我们又各自散开，寻找新的目标。我不时去牛圈附近看看，

◆ 荨麻蛱蝶卵

◆ 荨麻蛱蝶产卵

◆ 荨麻蛱蝶产卵

◆ 拍摄珍蛱蝶瞬间 王超摄影

因为它像一个大型车站，总有蝴蝶在那里逗留。但是风太大，车站生意难做，客人都吹跑了。我有点扫兴，便沿着石墙观察几只荨麻蛱蝶。

它们为什么不像之前碰到的几只那样选择在石板上停落，而是围着几株荨麻飞个不停？我突然恍然大悟，它们名叫荨麻蛱蝶，当然得围着寄主植物打转，目的也必然是产卵啊。

我直接就在一丛最大的荨麻旁的泥地上坐下，守株待兔，等着它们飞过来。不一会儿，一只腹部肥壮的雌蝶就飞过来，根本无视举着相机的我，直接趴在叶子上，像虾一样弯曲着腹部在叶子背面产卵。它的翅膀和头部一动不动，唯有腹部在有节奏地工作，像一只微型的冲击电钻，我从镜头里能清楚看到，随着它腹部的震动，叶子背面的卵不断增加。三分钟后，它才产完离开。为了拍到它在叶子背面留下的卵，我咬着牙，皱着眉毛，伸手捏住荨麻的叶片，把它翻转过来。不出意料，荨麻的毒刺扎破了我的皮肤，我的手指头传来火辣辣的锐痛。我忍住痛，稳稳地保持着手指不动，还一边拍一边调整叶子的方向，直到拍到了荨麻蛱蝶卵的高清照片——它们终于变得清晰了，那么剔透、滋润，像用翡翠雕刻而成的美妙艺术品。

六

四姑娘山自然保护区的范围比景区更大，巴朗山一侧也在内。黄继舟自然对巴朗山也非常熟悉，看见我们对绿绒蒿特别感兴趣，于是答应带我们去巴朗山顶，路上还有几个很好的观赏点。

晨光初现时，我们已经驱车向着巴朗山而去。继舟兄的车在前，我们的车在后，两个车像两只小甲虫，在苍凉而壮丽的巴朗山迂回往复，盘旋而上。

9点，车停了，我们一下车就惊呆了，整个山坡被盛开的头花杜鹃染成了红色。印象中，头花杜鹃的花朵，是不起眼的小花，完全想不到当它们成千上万拥挤在一起开放时，也能成为滔滔花海，直逼云天。太壮观了！即使用广角镜头，也容纳不下这么壮观的场面。

在走进头花杜鹃花海前，我先检查了一下相机，用了路边的一丛报春作目标。后来才知道，我顺手拍的竟然是大名鼎鼎的雅江报春。

◆ 头花杜鹃

◆ 雅江报春

我们在头花杜鹃的花海中，慢慢往山顶走，此时海拔是4000米左右，已经有些费劲，每走几步，就要缓一缓，如果是蹲下拍了照片，站起来更需要大口喘气。我们几乎是沿着一条溪流曲折而上，这是一条美到绝致的溪流，因为溪水之上，开满了紫花雪山报春，可能还有心愿报春（紫花雪山报春组的几个种类实在太难区分了）。但是在现场，你觉得完全不需要区分它们，这些高大、形状优美的报春，每一枝都是独立的气质超凡的仙子，它们都该有自己的名字、兴趣、特长和心愿，整个山坡正是因为有了这些独立的敢于俯视万丈峡谷的生命，才有了非凡的气质和深度。

◆ 紫花雪山报春

◆ 紫花雪山报春

◆ 紫花雪山报春

◆ 具鳞水柏枝

这条小路上，有意思的植物还不少，有之前拍过的全缘叶绿绒蒿和红花绿绒蒿，还有很多没见的，印象比较深刻的有两种：一是具鳞水柏枝，一是反瓣老鹳草。

前者的花秀气，叶针形，我这次拍到的是它们初开的花球，花球旁是松果塔一样的新叶，高海拔地区的水柏枝才有如此奇异的容貌。

后者的发现过程更有戏剧性，我路过一株老鹳草时，看见它的花朵有点不正常，顺便拍了一张就往前走了，边走边习惯性地回放，想知道它是什么原因导致不正常，等我看清楚后，立即撒腿就往回跑——这不正是我一直在寻找的反瓣老鹳草吗？以前这个物种，只在喜马拉雅山中段有分布，但根据我在中国植物图像库（PPBC，出自中国科学院植物研究所）的查阅，近几年中国植物学家在四川、云南的很多区域已有发现，没想到在巴朗山偶遇了。回家后，我又进一步查阅了这个物种的资料，发现中国植物图像库等专业网站已合并了反瓣老鹳草和紫萼老鹳草，可能这

◆ 反瓣老鹳草

◆ 隐瓣蝇子草

才是我能在巴朗山拍到它的原因，是植物分类研究的新进展导致了种类合并，继而带来分布的扩大。

这个点的拍摄，用掉了我们 50 分钟的时间，我们赶紧聚集到停车点，准备去往下一个点。

◆ 矮金莲花

王超没有全程参与这个点的拍摄，他最辛苦，提前返回路边，把车开到新的停车点——这样大家就减少一半的步行。在等我们的时候，他发现了一种“类似于百合或贝母的植物”，然后带我去看。我好奇地蹲下看了看，明白了，此物叶披针形，花如宫灯，很是奇妙，从特征看应该是蝇子草属的，后来卧龙自然保护区的林红强兄确认是隐瓣蝇子草。

就在这丛植物旁，我发现还有一朵贴在地上的黄花非常陌生，应该是我没拍过的。由于驴蹄草铺天盖地，加上高山毛茛锦上添花，巴朗山上的黄花实在太多了，另一些很有价值的黄花很容易被错过。眼前这株矮金莲花就是如此，大家走来走去，在它附近拍摄，根本没人

◆ 鸦跖花

正眼看一下它。其实，这是一种很值得细细琢磨的奇特植物，它的萼片黄色，而花瓣却退化成一些小肉棍混在雄蕊中，这使得花蕊层次丰富而饱满，比其他的花更为耐看。

拍完后，我提醒自己，接下来一定不要先入为主地忽略黄花。非常有用，我在后来的徒步中又拍到了高海拔地区才能看到的鸦跖花，它的萼片革质，花瓣略尖，整个植株显得强壮有力，富有生气。

我们停车的下一个点已接近山顶，海拔4200米左右，刚下车时，我们几个面面相觑，因为除了来去的公路，唯一的山坡近乎绝壁，而下面深不见底，哪里有路？

黄继舟淡定地指着绝壁方向说，从这里过去，快的话十几分钟就能到一处流石滩。一听流石滩，我们的精神都提了起来，流石滩是雪线下的独特生态系统，是很多珍稀高山植物的天堂，巴朗山上的流石滩对我

◆ 深红龙胆

◆ 在巴朗山顶俯视山谷

◆ 等梗报春

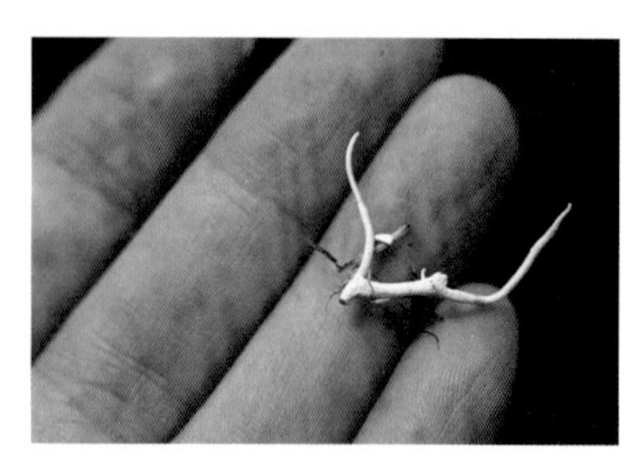

◆ 雪茶

◆ 浪穹紫堇

们的吸引力就更大了。

我们小心地慢慢往上走，绝壁上果然有路，要近了才看得见，可以从上方绕过狭窄但十分危险的沟谷去到对岸。在路上，我用手机往下拍摄这条沟谷，可惜照片反映不出实地的险峻。

这条人迹罕至的小道，应该是去采雪茶的人踩出来的。我后来捡起雪茶研究了一下，感觉是一种枯干的地衣植物，形如白色、光滑的枯枝，枯枝中空，末端尖如矛头，闻起来有菌类的香味。

突然，王超兴奋地指着我们头顶的一处说："绿绒蒿！"

我抬头一看，逆光中，只见一矮小植株上，一朵蓝色的花朵正迎风微晃，蓝色的中心仿佛有一群小人在跳舞。我们慢慢往上再往上，足足走了好几分钟

◆ 川西绿绒蒿

◆ 在巴朗山顶附近艰难行进

才到达那个区域。不止一株，这个区域足足有五六朵蓝花在摇晃。这是川西绿绒蒿，和红花绿绒蒿、全缘叶绿绒蒿比起来，矮小的它们选择了更高的海拔、更艰难的生存环境。

大家刚拍完，就听见姚著在远处招呼："快过来，有绢蝶。"

老姚研究过资料，巴朗山有三种绢蝶，6 月正是它们的发生期，而绢蝶的习性是只在雪线附近的寄主景天属植物附近活动。所以，姚著一路专注地寻找景天属植物，终于在一处悬崖上发现大片红景天。他就不动了，一边观察一边静等时机。此刻，太阳突然从云缝中冲出，巴朗山的这一侧被整个照亮。绢蝶也在等待这一刻，它们三三两两地从隐蔽处飞出来，在红景天四周起起落落，享受着阳光的温暖。

我是跑得最快的，第一时间就冲到了附近，看见绢蝶起落的地方，是一处 30 多平方米的斜坡，斜坡尽头就是万丈悬崖，我停住脚步犹豫了一下。经仔细观察，此处斜坡灌木多，也有低凹处，失足滑下的风险很小，就小心地进入了红景天与杜鹃密集生长的这个区域。

这时，有一只绢蝶落在了我的前方，可惜被灌木挡住了视线，在它起飞前只拍到一个模糊的影子，众人在我身后连声替我惋惜。

又有一只绢蝶，在另一个区域落下了，大家立即包抄了过去。看着四周的红景天，我决定不动了，在此蹲守，只要阳光还在，绢蝶肯定会回来的。

◆ 黄继舟和王超拍摄珍珠绢蝶中

等了五六分钟，果然有一只绢蝶像断线的风筝那样斜斜地飘到离我几米的地方，我的心跳加速，仿佛全身都能感觉得到那不可控制的咚咚震动。我深呼吸了一下，才起身朝着它落下的方向移动。快到时，我进一步放慢，头差不多是一寸一寸地探出去的，这个速度绝不会惊动蝴蝶。我终于看清它了——它正在草丛中寻找着什么,一边移动，翅膀一边收折又打开。这可不是蝴蝶的休息

◆ 作者巴朗山顶工作照 王超摄影

姿势，它随时有可能飞走。我赶紧把镜头伸出，迅速对焦，连拍了好几张，绢蝶就在这个过程中突然拉升到空中，转眼不见。

还是在这个区域，又有一只绢蝶飞过来停下，它微略收起了前翅，摆成战斗机的形状。此时太阳已躲进云层，没有热量的提供，蝴蝶会减少飞行，尽量休息。这给了我们最好的机会，我们轮流上去，每个人都记录下了它的影像。除了老姚，我们几个都是第一次拍到绢蝶。

经确认，我们拍到的是珍珠绢蝶。

◆ 珍珠绢蝶

◆ 珍珠绢蝶

◆ 景天属植物